遗失在西方的中国史

中国服饰与艺术

[法]约瑟夫·布列东 著 赵省伟 编 张冰纨 柴少康 译

中国画报出版社·北京

图书在版编目（CIP）数据

中国服饰与艺术 /（法）约瑟夫·布列东著；赵省伟编；
张冰纨，柴少康译．—北京：中国画报出版社，2020.1
（遗失在西方的中国史）
ISBN 978-7-5146-1770-2

Ⅰ．①中… Ⅱ．①约… ②赵… ③张… ④柴… Ⅲ．
①服饰－历史－中国 Ⅳ．①TS941.742

中国版本图书馆CIP数据核字（2019）第168916号

遗失在西方的中国史：中国服饰与艺术
（法）约瑟夫·布列东 著　赵省伟 编　张冰纨 柴少康 译

出 版 人：于九涛
责任编辑：廖晓莹
校　　审：任　凯
责任印制：焦　洋

出版发行：中国画报出版社
地　　址：中国北京市海淀区车公庄西路33号　邮编：100048
发 行 部：010-68469781　010-68414683（传真）
总编室兼传真：010-88417359　版权部：010-88417359

开　　本：16开（787mm×1092mm）
印　　张：20
字　　数：300 千
版　　次：2020年1月第1版　2020年1月第1次印刷
印　　刷：北京汇瑞嘉合文化发展有限公司
书　　号：ISBN 978-7-5146-1770-2
定　　价：128.00 元

出版说明

虽然已经出版二百多年，《中国服饰与艺术》仍然是研究中国服饰和风俗的必读经典书目。插画（版画）中的人物上至皇亲贵胄，下至贩夫走卒，三教九流无所不包，其绘画手法结合了西洋和中国画法，真实生动，颇具特色。尤其是反映手工业、制造业及服饰的部分插图，非常珍贵。希望这本书能给研究相关课题或感兴趣的读者，提供一个新的视角和参考。

一、原书共有六卷，首版于 1811 年（法文）。本书前四卷译自 1813 年的英文版，后两卷译自 1812 年的法文版，其中仅第六卷为黑白版画，其余均为彩色版画。

二、原书有 100 幅全页插图、8 幅折页插图，共 108 幅版画。本书缺少其中 1 幅全页插图、2 幅折页插图，期待后续可以弥补这一遗憾。

三、为尽量保存书籍原貌，编排时章节顺序均依照原书，未作改动。

四、由于能力有限，书中个别人名、书名无法查出，采用音译并注明原文。

五、由于原作者所处立场、思考方式与观察角度不同，书中很多事实和观点跟我们的认识有一定出入，有部分是错误的，为保留原书风貌，均未作删改。这并不代表我们赞同他们的观点，相信读者能够自行鉴别。

六、由于时间仓促，统筹出版过程中不免出现疏漏、错讹，恳请广大读者批评指正。

编　者

2019 年 3 月

法国“部长”是个“中国迷”

1760 年（乾隆二十五年），两名北京青年孔和杨来到巴黎耶稣会修道院学习。1763 年，法国耶稣会解散后，急盼回国的两人得到法国国务秘书亨利・伯丁（Henri Bertin）的帮助，并答应回国后帮助伯丁搜集中国的资料。伯丁并没有立即安排两人回国，而是通过政府基金让两人学习了自然哲学、化学、雕塑、绘画等，还让两人游历参观了里昂等地的手工业作坊。游学一年后，两人才被安排躲在一艘中国澳门的船上，借着夜色换装回到了北京。之后两人与北京传教士合作为伯丁提供了大量的资料。18 世纪欧洲汉学“三大巨著”之一的《中国杂纂》（又名《中国丛刊》）正是根据这些资料编成。

接着法国便爆发了大革命，伯丁历尽艰辛保住了手中的资料——其中仅关于中国手工业和制造业的原创版画就有 400 幅，而且多数还未来得及在《中国杂纂》上出版。后来，速记员约瑟夫・布列东（Joseph Breton）偶然得到了这批资料。在整理添加说明后，1811 年闻名遐迩的《中国服饰与艺术》一书[1]出版了。很遗憾，孔和杨的更多信息尚待挖掘，下面仅对伯丁和布列东作简要介绍，期待方家补充指正。

亨利・伯丁，1720 年 3 月 24 日出生于法国西南部城市佩里格；1792 年 9 月 16 日逝世于比利时列日省东部阿登地区的小镇斯帕。1741 年，他来到波尔多，成为一名律师。1757 年至 1759 年，担任巴黎警察局副局长一职。1759 年，他接受路易十五的任命，出任财政总监，不过他与国王约定，一旦法国恢复和平，他就辞职。为了更好地调整税收，他建立了新的土地登记制度，却遭到巴黎议会的激烈反对。1763 年 12 月 14 日，他辞去财政总监一职，转任国务秘书，负责管理包括东印度公司、棉纺织、畜牧学校、采矿、出租车、彩票、内陆水运在内的多项业务。

作为法国重农主义的核心人物，这位法国皇家农业协会成员不单是农业改革的设计师之一，还创建了里昂兽医学院。他坚信中国农业和科技处于领先地位，因此委托旅行者和传教士搜集资料，这才有了帮助北京青年孔和杨，以及资助晁俊秀和钱德明神父到访中国等故事。1766 年至 1792 年，他与北堂的传教士书信来往密切。他将问卷寄给北堂的钱德明等人，钱德明等人则将翻译的中国资料、撰写的报道、收集的植物种子及各种标本寄回给伯丁。

---

[1] 19 世纪初，西方社会出版了三本关于中国服饰的经典著作。国内已出版了其中两本：《西洋镜：中国衣冠举止图解》（亚历山大著）、《遗失在西方的中国史：中国服饰与习俗图鉴》（梅森著）。第三本就是布列东的《遗失在西方的中国史：中国服饰与艺术》。——编者注

> 问卷涵盖了中国农业经济的各个领域，从各省农业生产对气候的依赖、牲畜的繁殖、粮食的存储、收成的分配，到农民的地位和土地的获取等。1766 年，他还专门向传教士请教了关于中国的储备经济、粮食贸易和价格等问题。收到报告后，伯丁仔细阅读，亲自参与修订，并把选定的文章刊登在《中国杂纂》上。[1]

伯丁还是个十足的"中国迷"。他家中设有"中国室"，专门陈列中国的珍宝及标本。据说，他曾一次就得到两大箱来自中国的泥人和纸人，共计 31 个。[2]

约瑟夫・布列东，1777 年 11 月 16 日出生于巴黎，老家是法国东部的穆松桥镇。他年轻时师从法国速记学家西奥多・皮埃尔・伯丁，曾与人一起用速记法记录法国师范学院三年级的课程，还记录了拉格朗日[3]、贝托莱[4]、布鲁塞[5]等名家的授课内容。他在短时间内组建了一支速记队伍，从 1792 年起负责记录国民立法议会的每场辩论，如格拉克斯・巴贝夫[6]诉讼案。从 1815 年起，他一直担任议会速记员，直到 1852 年去世。他主持组建的速记员队伍（一般有十几名负责人）一直延续至今，极大地保障了议会辩论的民主和透明。

他还参与创办了《司法报》、《分庭速记员》（*Le Sténographe des Chambres*）、《箴言报》（*Le Moniteur Universel*），并从 1815 年开始到 1852 年逝世一直效力于《辩论报》（*Le Journal des Débats*）。此外，他在《法国公报》（*La Gazette de France*）、《总公报》（*Le Journal Général*）和《巴黎日报》（*Le Journal de Paris*）上也十分活跃。

布列东精通几乎所有的欧洲语言，曾翻译过多部著作，包括贝尔萨扎尔・阿克[7]关于风俗习惯的著作。在法庭上，他负责英语、德语、西班牙语、荷兰语、意大利语等语种的口译工作。

编　者

2019 年 3 月

---

[1] 王廉明：《北京耶稣会北堂和中国植物图像——十八世纪中西园艺学交流的一则轶事》，载《紫禁城》，2018 年 10 月 15 日。——编者注

[2] 罗芃：《法国文化史》，北京大学出版社，1997 年 5 月出版。——编者注

[3] Joseph-Louis Lagrange（1736—1813），法国著名数学家、物理学家。——编者注

[4] Claude-Louis Berthollet（1748—1822），法国著名医学家、化学家。——编者注

[5] François Joseph Victor Broussais（1772—1838），法国著名外科医学家。——编者注

[6] Gracchus Babeuf（1760—1797），法国大革命期间的革命者，因反对督政府统治而被处死。——编者注

[7] Belsazar Hacquet（1739—1815），法国博物学家。——编者注

原序一[1]

目前，在已出版的有关中国的著作中，很少有详细介绍清朝艺术品和手工业的图书。古代的传教士和叙写马戛尔尼伯爵使团见闻的英国作家，其作品都只局限于陶瓷、茶叶、印刷业、丝织品等，而且内容大多雷同。英国的旅行家几乎没有新的资料，只能从杜赫德[2]的著作中摘抄一些片段。

作为前两届政府的国务秘书，伯丁先生深知全面了解中国，对本国的艺术、科学和制造业发展有极大的促进作用，因此不惜重金购藏中国稀世珍品，还想方设法地了解这些珍品和画作的详细情况。他在华时，除了完成本职工作外，还庇护了很多身在北京的传教士，向他们发放政府补给，改善他们的处境。

伯丁先生极具政治眼光。他不想将这些重要的文档尘封藏于自己的私人收藏室，而希望将它们展现给世人。他很清楚，虽然因为宗教热情而备受尊敬的传教士深谙历史、哲学和数学，但并不擅长深度挖掘艺术和手工业的细节，而他们搜集到的一些重要信息往往不全面也不完善。造成这种结果的原因，一方面是传教士内心并不重视，另一方面是那些被迫提供信息的人不愿透露更多细节。再者，中国手工业者也不会轻易把各自行当里的秘诀泄漏给外国人。

传教士们如何解决这些问题呢？这时出现了一个绝佳的契机——两个新加入基督教的中国年轻人——孔和杨。他俩都是北京本地人，非常聪明，也非常活跃，一个十八岁,一个十九岁。他们希望传教士能资助他们去法国“瞻仰”（用他们自己的话说）欧洲基督徒的辉煌。为了去法国，他们在耶稣会的指导下学习了拉丁语和法语。

1760 年，这两位年轻人作为初学修士来到巴黎，进入耶稣会的修道院。他们在回忆录中写道:“耶稣会解散后,我们的生活很平静,只是对法国一无所知,无人照拂。”佛罗伦汀（St. Florentine）伯爵同情他们的处境,帮他们争取了 750 里弗[3]的补助金。

急切盼望回到中国的孔和杨，不得不与伯丁先生合作。而负责东印度公司事务的伯丁先生，也迫切希望通过他们二人实现自己的愿望。他让这两个中国人在法国

---

[1] 1813 年英文版前四卷序言。——编者注

[2] Jean-Baptiste Du Halde（1674—1743），耶稣会传教士，所著《中华帝国全志》被称为“西方汉学的三大名著之一”及“法国古汉学的不朽著作”。——译者注

[3] 1781 年至 1794 年间法兰西王国及其前身西法兰克王国的本位币单位。1795 年法郎正式代替里弗成为本位币。——译者注

多待了一年。在此期间，孔和杨在法国政府资助下学习了自然哲学和化学，跟从大学教师布里森（Brisson）学习了绘画和雕塑，还留下了一些雕塑作品。教授他们的布里森同时也是基督会的成员，于数年后去世。

按照计划，孔和杨还在法国政府的资助下到里昂、福雷[1]和维瓦赖[2]进行考察，深入了解了法国的手工业，增强了他们交流两国情况的能力。孔和杨对法国的语言和艺术有了一定的了解，因而在研究时能有效地避免民族偏见。伯丁先生非常希望孔和杨能辅助自己，他很难遇到比孔和杨更合适的中国人了。

最终，孔和杨安全地回到了中国。他们藏在中国澳门船只的角落里躲过了搜查，在一个明亮的夜晚登岸，换上中国的服装回到了北京，就像没有离开过一样。

孔和杨一直对伯丁先生心存感激。作为回报，他们回国后与北京传教士合作，向伯丁先生提供了大量资料。《中国杂纂》就是根据这些资料编成的，但可惜的是，只出版到了第一卷的第 15 册。这套由韩国英神父以孔的名义写成的《中国杂纂》，由钱德明和韩国英主编，内容非常丰富，中国的起源、语言和历史等均有涉及。

孔和杨还希望能够修订或重写已经出版的关于中国的著作。杨在 1772 年 10 月 10 日写给伯丁先生的一封信中写道：

> 我希望能及时告诉您一些情况，让您能够以一种更加清晰、独特的视角来了解中国。迄今为止，法国甚至整个欧洲，都是隔着一层面纱来认识中国的。这层面纱使他们眼中的中国模糊不清，很多方面都带着幻想的成分。您一直致力于向法国人展现最有价值的中国文化，可是传教士们在这种风气的影响下，很可能会误解您的苦心。不久您就会发现，即使是最优秀的反映中国文化的作品也存在美化的成分，甚至是凭空幻想。连我心目中最优秀的杜赫德神父也擅长此道，在他笔下，那些对象都被严重美化了。我曾经期待传教士中能有一些实事求是的人来纠正之前作者的工作。我之所以这么强调实事求是，是因为当前普遍存在的问题是赞美时过分拔高，批评时又过分贬低。

这封信的原件在我手里，写在用竹子制成的纸上，字体相当漂亮，很有渲染力。这两名中国人的信件一向如此。在另一封书信中，杨很愉快地向他的保护人介绍了一种在中国很有名的灌木——玉兰。他说："我希望您能同意我们以您的名字伯丁来为玉兰命名，以表达我们的感激之情。"

---

[1] 位于法国南部的瓦尔省。——译者注
[2] 省名，故地在今法国阿尔代什省。——译者注

令我感到高兴的是，信上还有伯丁先生的亲笔评论："他所言'伯丁花'是什么意思？它以前不知名吗？不是已经有了'玉兰'这个名字吗？"

后来，相继发生了一些不幸事件：先是北京的传教士中出现纠纷，而后更不幸的是韩国英神父于 1780 年 8 月 8 日去世，我们不得不停止这项对我们的文学和艺术都很有价值的资料搜集工作。我保存的韩国英神父写于去世 5 天前的一封信，虽然字迹很陌生，但是有他的亲笔签名。信中写道：

> 我的人生即将走到尽头，但我依然谨记我们伟大的使命。我再次拜托您，您的支持非常重要。为此您已经付出了很多，您做得也很完美，真的很完美。我恳求您将这项伟大的工作继续下去。时间紧迫，如果您不尽快帮助这些法国的传教士，他们将和他们的信仰一起消亡。

葬礼结束后，一方面，意大利神父安德义[1]把韩国英神父的两个同胞和四个中国信徒赶出了教会，另一方面，法国的革命也让北京传教士们的处境艰难起来。他们不仅失去了援助，也跟法国失去了联系。

与此同时，伯丁先生小心保管着他陈列室里那些用于《中国杂纂》的材料及迄今为止未被公开的材料。[2]其中最有趣的，是一大批描绘中国手工艺和制造业的原创绘画。这些画约有 400 幅，都是在北京绘制的。此外，还有很多其他内容的画作。

我偶然得到了这些资料，连同传教士们之间的通信及孔和杨的信件。资料中的很多内容在法国属于新领域，迄今为止还不为人知，尤其是利用猴子采集茶叶、清漆的制作、回族女性的服饰、狡猾的商人、货币兑换商、蒸馏器、铜匠、卖鞭子和风筝的人、中国房屋的内部、卖糖兔的商贩、一些惩戒场景等。

遗憾的是，这些绘画要么缺少文字描述，要么说明过于简略。我补充了一些文字，希望能增加它的可读性。另外，由于很多主题不太有趣，有些画中的服饰与我们欧洲工匠所制的看起来相差无几，所以我筛选出了大家比较喜闻乐见的题材。

另一方面，我们需要出版一部关于中国历史文化的完整著作，来介绍奇特、稀有或实用的中国物品。本书的注释参考了古代和现代的很多文献典籍，包括最早描述绣球、由基歇尔神父编著的《中国图说》，以及 1809 年由科策布（Kotzebue）出版、伊万·伊万诺夫·查尔准（Iwan Iwanow Tschudrin）编写的《航海片段》（*The Fragments of the Voyage*）。

---

[1] 1762 年来到中国，供奉内廷。与郎世宁、王致诚、艾启蒙合称"四洋画家"。——译者注
[2] 这两个中国人的航海记述只印刷了 20 份。

本书力求简洁、合理、客观，既没有传教士的过度夸张，也没有过分的批评和贬低。英国旅行作家约翰·巴罗至今仍然深受这种写作精神的影响，因此他能更巧妙地描绘出中国人的生活方式及他们的智慧和博学，并将中国人的古今风俗习惯相互参照比较，很少有作家能与他相媲美。[1]

我非常尊敬传教士，但他们的传教事业不大可能成为有争论的话题，因为那时的英国人多忙于在非洲、美洲和印度传教。至少在这段时期，没人和他们竞争。

英国的传教士们信奉路德教，他们在开启民智方面比天主教会的作用要小得多。我指的不是外在的形式或教条，而是神父的家庭生活、行为举止和思想性格。

新教的传教士们无疑不会随身带着欧洲女性，但是他们会在中国结婚，并让妻子学习欧洲的礼仪习俗，中国人认为这种变革是一种冒犯。

被日本所接受的荷兰人，跟欧洲其他国家都不同[2]，还没有收回葡萄牙人在耶稣教会帮助下获得的权势。英国人在中国进行的披着宗教外衣的商贸活动也很明显。他们的传教士只不过被当作东印度公司的代理商，整日受到无情的敲诈和持续的羞辱。

如果采用黑白印刷，服饰的插图很难达到应有的效果，因此本书中的插图都以特殊方式进行刻印。

为了兼顾实用性和趣味性，我结合多位旅行者的素材，依据真实可靠的信息，将不同的材料进行整合，最终完成了本书的编纂，并在书中阐述了一些个人观点。

[1] 格鲁贤在《帝国杂志》(*Journal de l' Empire*)上严厉批评了约翰·巴罗的《中国旅行记》。我必须坦诚地承认，对他最严厉的指控之一——印刷错误，也许因此转移到了他的译者身上。有人指责约翰·巴罗诽谤中国政府，但因此认定他有愧于传教士们，这就不公平了。

[2] 见《阿瓦岛（南太平洋岛）的文化与军事概况》（第二版），第 266 页。

原序二[1]

两年前，我出版了这部关于中国服饰与艺术的著作。前四卷出版后，受欢迎程度远远超出了我和编辑的预料。然而当时我收集到的材料有限，不足以完成整套丛书。基于种种原因，出版社能提供的材料非常少，伯丁先生和中国传教士的往来信件数量繁多且混乱无序，不仅已出版的《中国杂纂》中的很多信件尚待整理，而且还有大量未出版的信件。

后来，内普弗（Nepveu）先生将钱德明神父、韩国英神父和其他传教士的原始信件交给了我。这些信件包含了大量全新的、鲜为人知的资料，比如苗族的原始风俗、回族的不同部落、满族的游牧族群，以及乾隆皇帝发动的征讨这些民族的战争细节。夏尔·巴特[2]神父和一些学者受伯丁先生委托撰写《中国杂纂》时，为了不连累北京的传教士，删除了其中的很多内容。如今，这些资料可以完全公开了。

我们本可以利用这些资料来改编整部书，出版一部上下两大册的新版《中国服饰与艺术》。但是出版社非常谨慎，力求避免重复，否则我们的第一批读者只能拥有一部残缺的半成品，这对他们来说是非常遗憾和不公平的，而正是他们保证了这套书的成功。所以，除了依据我的个人研究和部分读者建议而做出一些修正外，我们将原文重印《中国服饰与艺术》。此外，我们还从传教士寄回的信件和画册中挑选了一些新的绘画和文章资料。

《中国服饰与艺术》第五卷和第六卷名为“中国缩影”。考虑到一些读者希望进一步完善前四卷，因此其他卷册也以此命名。我期望完成一本与众不同的书，向大众展现中国独特的历史风俗，即使是读过马戛尔尼、约翰·巴罗或者德金先生大作的读者，也能从此书中得到新的收获。

正如原序一所言，两个名为孔和杨的中国年轻传教士，从欧洲游历回国后和时任国务秘书及法属东印度公司督察的伯丁先生一直保持通信，即使伯丁先生退休也没有中断，直到法国大革命时期伯丁先生去世才结束。

我想，没人会质疑这两个中国人在法国的旅行及他们转交给其保护人伯丁先生的这份回忆录的真实性。一谈到原始文档，我们好像很容易把所有无神论者混为一谈。实际上，本书的编辑内普弗先生正是这些文档的持有者，比如这两个中国人居

---

[1] 1812年法文版后两卷序言。——编者注

[2] L'abbé Batteux（1713—1780），法国艺术哲学奠基人，18世纪法国乃至欧洲最具影响力的文学理论和翻译理论家之一。——译者注

留期间的花费预算清单、他们回广东的船票、杨留在巴黎的一份经过公证的债券管理委托书等。[1]

书中将向大家呈现这两个中国人写给伯丁先生的信函和他们收到的回复。在这篇序言中我先摘录两段，一段摘自伯丁先生的信，另一段摘自其中一人的回信。通过这些片段我们可以了解到，人们试图通过这两个年轻人实现中国和欧洲的交流，可惜并没有完全实现。

伯丁先生说："我从未怀疑过你们的坚定，也坚信你们对于在法国期间尤其是回国时国王陛下给予的善待心怀感恩。我一直认为你们天生乐观，心地善良。6000 古里[2]的距离，没有家人的陪伴，还有一连串的新事物，所有对你们来说有趣的事情，都不能让你们忘记这一事实——你们曾多次向我提起——法国是你们的另一个家乡，你们将永远感念国王陛下。我已将你们的感激之情转达给陛下，同时我亦向陛下报告了你们回到北京后按照他的意愿而收集的这些材料及所做的标注。而这正是你们动身回中国之前陛下命我转达给你们的指示。"

我们自以为已经了解中国手工制造业的核心，但下面这封回信会让我们明白我们错得何其离谱。那些特别的工艺并没有多么复杂，甚至还不如一个陌生的同胞神秘。杨在 1766 年 9 月 29 日的信中写道：

> 我们在法国时，曾以为中国和欧洲应该差不多，但是我们大错特错了。在中国，从事一种职业的人不能参与另一种职业的事。一个军人插手政府事务，就像一个老百姓居然想去打仗一样，很可能会犯错。所有的一切都是如此秩序井然，以至人们很少跨出自己的小圈子，也不会问"为什么"。不在工厂工作的人甚至被禁止进入工厂，即使只是参观机器、不发表任何意见都不可以。我们只能通过谈话的方式，才可能从不同角度完成探索任务。

我想说，在中国工厂保守秘密要比在欧洲容易得多。因为我们需要雇用大批工人，这些工人经常换工作，所以我们能轻而易举地从他们那儿获得情报。但在中国却恰恰相反，因社会分工不明确，雇人做事很少见，所有的事情都由家庭成员自己完成。

我们在《中国服饰与艺术》第四卷中可以了解到，德金先生作为一位著名的法兰

---

[1] 我没有采用他们和已故布里森部长的一封特别的通信。布里森部长也是纳瓦尔初中的物理老师。那封信中有一个有趣的误会：这两个外国人听说布里森部长要免费给他们上物理课，但布里森部长却以为他们会付酬劳。他们甚至都不想提前支付布里森部长为他们购置器械的钱。最后伯丁部长结束了这场争议。他热情赞颂了布里森部长，布里森部长也觉得很受用。

[2] 1 古里约合 4 公里。——译者注

西学院院士，竟然掉进了伯丁先生默许的一个圈套。韩国英神父在写一本介绍古代中国的回忆录时没有署名，而这本回忆录颠覆了他的同行特别是钱德明神父的观点。后来这本著作以孔的名义被送给了德金先生，他竟然误以为这个中国的年轻人只用了两三年的时间就能如此学识渊博，可以像欧洲的学者一样抨击最时髦的观念。

在第六卷里，我们还将看到另一个更有意思的误会，这次的“受害者”是谢伯冷（Court de Gébelin）。他收到一份用古汉语书写的文档，兴高采烈地按古埃及象形文字“辨认”了出来，他为此兴奋了好久之后，钱德明神父才揭开这个秘密，给了他这份文档的正确翻译。

我在后两卷添加了一些简短而富有条理的注释文字，还填补了大量的空白，比如一些食品商贩的插图，甚至一些简单的拨浪鼓图片。我尽量增补相关内容，便于读者更清晰流畅地阅读。

我曾在最新的报告中，讨论中国星象学家观测的可信度及这些观测与现代演算的相符程度。这些都有助于确定历史事件的正确日期。如果论述出现误差，只能归咎于我，因为我没找到相关论证的著作，也不确定是否有人曾经使用过具有可信度的论据。这一切都建立在数学的基础上。我们猜测农历任意一年发生日食或者月食的时期的比例仅仅是 6∶1 到 5∶1，当然这种猜测是不准确的[1]。但是如果考虑到天象循环的周期性或者恒定性，这一比例的准确性就会提高。

最后我要论述另一事实，即传教士之间对于宗教文献的争论。

已故的伯丁先生在给北京传教士们的一本回忆录中试图通过这本书冷却他们传教的激情。这本书是著名的摩拉维亚弟兄会首领哈顿交给他的，讲的是传教士们在两个印度[2]传播福音，并获得的成功。书中保存着一封信，内容如下：

> 辛生道夫伯爵以前在德国创立了摩拉维亚弟兄会，此弟兄会在英国建了一座宏伟的学校，我相信辛生道夫伯爵就是在这所学校安度了晚年。哈顿先生作为伦敦摩拉维亚弟兄会的领导，是一位极其勇敢的智者。他去年突然想起，给我寄了一些信件的摘要和传教会的信件，这些信件都是从世界各地寄来的。他们的队伍极其壮大，让我有点晕头转向。他们可能已经遍布全世界了。北美洲和南美洲遍布着为黑人而建立的传教会。教会在整个非洲也得到了广泛传播：一位君主皈依后，在他庞大的帝国中建立了很多教会。印度、拉布拉多等也是如此。我再打听打听日本和中国有没有他们的教会，如果有也在我意料之中。
>
> 我宁愿没收到您上次的信。我把它发给我的一个朋友了，他对这类新事物

[1] 在那些一年发生四次日食的年份，比例会下降到 3∶1。

[2] 指印度和美洲。——译者注

> 特别好奇。他给我带来了作品，还跟我唠叨了一个小时他对于这些教会及其工作人员的愚蠢的无奈。他们不遵守规则，急功近利。这在我们的教会和摩拉维亚弟兄会中都很普遍。他向我解释了这方面的计划和体系，令我颇为震惊。最后我告诉他，所有这些对我来说都像圣皮埃尔修道院院长的一个美梦，梦里他的买卖都成了炼金术士追求的金矿石。有一份材料令他兴奋不已，材料上只有我似乎不够分量，于是他要求加上他的想法，我说我很乐意添上。

在第一本书的序言里，我已经表明，新教教会本不应该期盼在中国获得成功。我们确定这个帝国已经将他们拒之门外，而且很快我们也不能再学习它的艺术和风俗了，但关注它们又是如此有趣。现在，除了期待清朝政府能回到自由开放的状态之外，请带着感恩的心态，享受虔诚的游历教徒们为我们传回来的材料吧。

农业祭祀典礼

目录

001 第一卷 中国服饰与艺术·人物

---

045 第二卷 中国服饰与艺术 · 手工业

093 中国服饰与艺术·商业 第三卷

143 第四卷 中国服饰与艺术·器具

201
中国缩影·上
第五卷

人物

中国服饰与艺术 第一卷

中国概况——物产和宗教

中国的地理位置比世界上任何一个国家都更加有利：它领土广阔，一部分土地由于中亚高地的遮挡而免受北风侵袭，另一边则毗邻浩瀚的东方海洋，海水不断地蒸发，使潮湿而温和的空气中充满了亚硝酸盐。在这样的环境下，它孕育了全世界最适宜的气候和最肥沃的土壤。

在这片广阔的土地上，山脉纵横交错，形成了两条波澜壮阔的大河。另有二十多条支流汇入其中，有些支流长度堪比欧洲最长的河。不计其数的湖泊和运河，使这里的每一寸土壤更加肥沃。这块土地集合了大自然的所有恩赐和人类工业文明的所有工艺品。大量人口聚集在城市和乡村，甚至每一条河流——很多家族的人在船上出生、生活直至死亡，几乎从未踏上过陆地。这片土地如此肥沃，无论种什么都能丰收。丘陵从山脚到山顶都被巧妙地开垦成了梯田，这样不仅能保护土壤，避免水土流失，同时也能促进雨水和河水循环。

我们国家所有的农作物（如水稻、玉米、麦子、小米等）和灌木，以及绝大多数动物，甚至甘蔗、棉花和丝制品，都能在中国找到。橘树的发源地就是中国，后来被移植到欧洲南部地区。中国有一种美丽的花叫绣球，由马戛尔尼伯爵引进后，很快在欧洲繁衍开来。中国还盛产樟木、乌桕和竹子等。其中竹子用途广泛，中国人用它来造纸。漆树、芦荟也是中国的特产。中国人认为它们的汁液具有很高的价值。当然，最重要的还是中国的茶树。茶在欧洲，尤其是英国，几乎成了生活必需品。

中国的动物也很值得关注。这里的鸟类羽毛华丽。金银色相间的野鸡和养在球形玻璃缸中的鱼都很华美。这个国家盛产各种矿物：煤、大理石、盐，还有取之不尽的硝石。在欧洲人看来，中国的自然物产首推茶叶。而其工艺品中最值得一提的便是美丽的瓷器，这是欧洲人难以超越的。尽管我们的铅笔画更为精美优雅，但是在颜色的光泽度和持久度上，中国的瓷器确实更胜一筹。

中国的土地约有 60 万平方英里[1]，但对于中国总人口数量究竟多少，学者们却存在很大分歧。马戛尔尼伯爵认为中国大概有 3.33 亿人，但他的计算有夸大的成分。还有人认为大概在 2 亿左右，这一说法更接近真实情况。

关于中国的人类起源时间，学者们也尚未达成一致。根据一些真实可考的遗迹，中国人的起源可追溯至大约 4000 年前。在这漫长的历史长河中，先后诞生了很多

[1] 实际远多于此。——译者注

伟大的王朝。不过这个国家曾两次被少数民族统治，第二次由少数民族建立的王朝一直延续至今。中国人依然保持着最古朴、最纯粹的习俗，因为他们非常重视古代传统，排斥创新。征服者遵循被征服者的风俗习惯，这种奇妙的现象在这个国家发生了两次。

中国人自古就擅长实木雕刻工艺，还发明了指南针、火药等。这些发明不可能来源于欧洲，也不可能在我们与中国建立联系之前传到欧洲。13 世纪，威尼斯人马可·波罗发现了辽阔富饶的中华帝国，并将其介绍到欧洲。此前，欧洲人甚至从未想象过中国。

中国的古代遗迹非常庞大，甚至超过了古罗马，其盛况堪比古埃及。中国境内的很多桥梁都很细长，而道路大都宏伟壮观，还被精心养护，尤其是北京到热河行宫之间的道路，更是经常被清扫、平整和修理。路上每隔一段设有一个驿站，内有负责传送信件的轮岗士兵。紧急信件用信号传递，类似于我们的电报。中国的运河更是不胜枚举。有一条大运河全长约 1800 英里[1]，从广州到北京，贯穿整个帝国。北部的长城穿过高山和深谷，蜿蜒近 1500 英里。

中国人对待宗教无比宽容。任何一种宗教信仰中，只要包含儒家哲学中纯洁和高尚的道德，我想中国人都会接受，这与他们对巫术和迷信的崇拜并不矛盾。然而，罗马天主教在中国却没有取得多大的进展。

在传教士到来之前，中国人主要信奉四种宗教：儒教，是孔子的学说，主张顺应天道，属于自然神论[2]，是文人们的宗教信仰，也是这个国家的主要宗教；道教，也称老庄学说，看起来更像儒教的一种变体；佛教，主张偶像崇拜，是皇帝、朝廷及所有满族人的宗教信仰；“应天”，接近天道或者孔子学说，二者的区别很多学者都说不清。

中国人崇拜的主要对象是至高无上的玉皇大帝，尊称“上帝”。中国人认为“天”掌管着天界的力量，有时中国人会向“天”祈祷。中国的皇帝即使信奉佛教，也会遵守祖制拜祭天地。

孔子，又叫孔夫子。根据传教士们的说法，他诞生于公元前 551 年，即古希腊七贤之一泰勒斯去世的 4 年前。他与伟大的毕达哥拉斯属于同时代，比苏格拉底的

---

[1] 1 英里 =1.609 千米。——译者注

[2] 自然神论是在 17 至 18 世纪的英国和 18 世纪的法国出现的一个哲学观点。这个观点认为上帝创造了宇宙和它存在的规则，在此之后上帝不再对这个世界的发展产生影响。在欧洲启蒙运动时期，伏尔泰、狄德罗、卢梭、洛克等启蒙思想家推崇中国文化，认为儒家思想的神学观念是自然神论。——译者注

时代稍早。孔子是鲁国人，也是鲁国的大臣，曾经先后受到很多君王的青睐，但一直没有得到重用。孔子 73 岁去世后，他的弟子在其家乡曲阜附近为他修建了陵墓。如今，孔子陵墓所在地房屋环绕，几乎成了一个小城镇。

道教是由一位名叫老子的哲学家创立的[1]。老子自称他母亲怀胎 80 年才生下他。老子的著作包含了三位一体的观念。他说的“道”是万物的法则，所谓“道生一，一生二，二生三，三生万物”。道教信徒以谬论而著称，即使违背常理，他们也不放弃自己的信念。他们声称发现了神水能使人长生不老，但我觉得他们根本无法证明它有效。[2]

佛教的教义最为复杂。公元前 65 年，佛教从印度传入中国。传说，汉明帝曾做了一个梦，在梦中孔子多次告诉他，圣人在西方，要派使者到印度找到这位圣人并学会他的教义。使者带回了佛教信仰。中国人将“Buddha”改成了“佛陀”，因为他们没有字母“B”，而且中国的习俗也不允许使用外国名字。佛陀的母亲摩耶怀孕期间经常梦到自己吞掉了一头大象，因此印度国王尊崇白象。佛祖一生下来就能站在地上，他走了七步，说：“天上天下，唯我独尊！”佛教徒声称佛祖重生了一万八千次，他的灵魂相继在各种动物的身上轮回。

中国的道士和僧人通常生活条件不错，甚至同住一个寺庙，各自举行各自的仪式，很少会互相争执。

天主教传入中国的年代已无法考证，只能说很久远。1542 年[3]传教士圣方济各·沙勿略[4]抵达上川岛（广州岸边），可是还没上岸就去世了，对其相关的记忆也随之消逝。30 年后，罗明坚和利玛窦神父凭借着丰富的数学知识，获得了进入中国的通行证。后来，耶稣会在中国的境遇几经波折。1631 年，汤若望神父受到永历皇帝的青睐，还给皇帝和皇后举行了洗礼。但是清军入关后，明军战败，粉碎了传教士们所有的希望。耶稣会被驱逐，汤若望凭借其杰出的才能被新朝廷赦免。

当今皇帝的曾祖父康熙于 8 岁登基，他即位后由汤若望担任帝师。当时清廷为了切断反清复明军队的补给，几乎毁掉了沿海所有地区，而澳门凭借这位传教士的崇高声望得以幸免。

1664 年 11 月 12 日发生了反对传教士的运动。传教士们都被投进监狱，78 岁高龄的汤若望神父也被戴上了枷锁，接受审判。最终他被判处死刑，并且由体面的

---

[1] 道教的创始人是东汉末年的张道陵。老子被后世尊为道教始祖。——编者注

[2] 作者道听途说，不可信。——编者注

[3] 应是 1552 年。——译者注

[4] Francois Xavier（1506—1552），西班牙人。最早来到东方传教的耶稣会士。——译者注

死刑——绞刑，变为最残酷、最耻辱的死刑——凌迟。康熙皇帝年幼时的四个摄政大臣批准了这一裁决。

然而，上天拯救了耶稣会。适逢一场地震，每个人都惶恐不安，觉得这是上天示警。摄政大臣被迫释放了中国信徒，但是传教士们仍然被关在监狱里。随着地震愈来愈频繁，人们的恐惧也更加强烈。传教士们最终被释放，但善良的汤若望并没有活太久，于 1666 年去世。

此后朝廷就很少再重用传教士。乾隆皇帝只在晚年召回了他们，因为朝廷需要和传教士合作建立数学会，制定中国人非常重视的历法。18 世纪末，欧洲发生了很多变革，政府无暇为传教士提供帮助和后续人员，传教士们渐渐被遗弃了。

除了前面提到的四种宗教和天主教，犹太教和伊斯兰教在这个帝国的某些省份也取得了或多或少的发展。详情请见第 40 页的文字说明。

乾隆皇帝

乾隆皇帝的皇位由其十五子继承。关于乾隆的外貌，1792 年马戛尔尼伯爵使团及 1794 年范巴澜[1]和蒂进[2]荷兰使团的回忆录均有描述。

在征询权威传教士的意见后，我们把他称作“Kien-Long”，德金先生和约翰·巴罗先生也认为这更符合中文的发音，不过小斯当东先生采用的翻译是“Tchien-Long”。据约翰·巴罗先生说，除了南方的一些省份，人们很少用到“乾”这个字。接见这些使团时，乾隆皇帝已经 83 或 84 岁了。但是他天生一副好身体，像 60 岁的人一样：眼睛乌黑发亮，生机勃勃，洞察力很强，容光焕发。他身材挺拔，身高约 5 英尺 10 英寸[3]。他体质很好，这得益于他极度规律的生活与工作习惯——无论冬天还是夏天，他都在早上 3 点起床。

同所有满族人一样，乾隆十分喜欢狩猎，而且箭法高超，丝毫不比他的祖父康熙皇帝逊色——康熙曾在他的遗嘱里自称能拉动一张重 150 磅[4]的大弓。乾隆皇帝不仅体能好，而且智力超群，思维敏捷，还是一位颇有成就的诗人。他最著名的作品是一篇茶赋，此外他还做了一首描绘奉天的诗。

乾隆汉语熟练，但他并没有忘祖。他一直不遗余力地提倡学习满语，命令那些满汉通婚家庭的孩子学习满语，并且用满汉两种语言进行考试。乾隆皇帝是一位伟大的勇士，参加过很多战争。他也很贪恋女色，曾在盛产美女的杭州府看上一个绝色女子，并决定带回京城，皇后听闻后悲伤不已，竟自缢而亡。[5]

此事还引发了另外一个离奇的故事。乾隆皇帝的儿子不知该如何哀悼自己的母亲。因为哀悼会让父亲不悦，不哀悼又对母亲不敬。他的老师建议他同时穿两种衣服。于是他伺候乾隆皇帝时，在丧服外面套上礼服，结果乾隆非常恼怒，狠狠地踢了他一脚。几天后，这位年轻的皇子抑郁而终。

这位皇子死后，乾隆皇帝还有四个儿子，但是在和中堂的设计下，乾隆皇帝很反感他们，也反感此后出生的皇子，所以他没有让长子继承皇位。1796 年 2 月 8 日，乾隆退位。此时他已经 86 岁了，他的十五子继承了皇位，也有些人说是十七子。

---

[1] 荷兰东印度公司的一位成员。——译者注
[2] 荷兰东印度公司的高级官员。1794 年，他被任命为赴华使团正使，并为乾隆祝寿。——译者注
[3] 约 1.76 米。1 英尺≈ 0.3 米；1 英寸 =2.54 厘米。——编者注
[4] 1 磅≈ 0.45 千克。——编者注
[5] 此处应为乾隆第二位皇后乌喇那拉氏，与史实不尽相符。——译者注

乾隆皇帝[1]

[1] 画家并未见过乾隆皇帝，他根据传教士的描述创作了这幅画，与真实情况差别很大。——译者注

他在退位三年后，于1799年2月去世。

这位年轻的皇帝就是至今在位的嘉庆。乾隆在世时，嘉庆还保留着和中堂，乾隆一去世，他就以20项罪状处死了父亲生前的这位大红人。其中一项罪状是“因腿疾，乘坐椅轿抬入大内，肩舆出入神武门”。约翰·巴罗先生在他的航行游记中表示，这不仅荒谬可笑，而且也无法证实。

上页插图为乾隆皇帝的画像。他身穿一件棕色的丝绸长袍，头戴一顶天鹅绒的帽子，上面镶有一颗只有皇嗣才有权佩戴的大珍珠。

中国的皇帝拥有绝对的权力，掌管所有部门。但是，约翰·巴罗睿智地发现，这种权力也受到国家制度的制约。中国的宗法制度规定，子孙有义务向祖先献上祭品。这样一个庆典活动能够告诫皇帝，在他死后，他的行为举止仍将长久流传。每一年的特定时刻，他的名字都会被广为传播，要么带着尊敬和热爱，要么夹杂着恐惧和诅咒。

总之，中国皇帝确实拥有至高的权力，但他更像臣民的父亲，而不是主人，中国的政府更像家长制政府而不是专制政府。几百个家庭拥有共同的姓氏，这充分表明他们把彼此都当兄弟。

中国皇帝被认为是“天子”或是大地的主宰。后一个头衔从字面上看很正确，皇帝的确是中国所有土地的主人，臣民只能租借土地，还要以实物的方式缴纳租金，只有得到皇帝的特许才能拥有土地。

除非经过特许，否则任何人和皇帝交谈都必须跪着。官员们在皇帝及皇帝的衣服或宝座面前同样要下跪，有时在公众场合需要三跪九叩。任何人都不得骑马穿过皇宫大门，必须下马走过去。

明黄色是皇帝和其子嗣的专属颜色。其他的亲王、总督和大臣得到皇帝特许后，可以穿另一种黄色的衣服。普通官员或皇家远亲一般穿紫色的衣服。五爪龙是皇权的另一象征。皇帝的紧急信件、诏告和公法都会注明皇帝的统治年份及阴历日期。皇帝的方形玉玺由质地优良的碧玉制成，价值不菲。只有皇帝才可以用这种印章。皇子们用由金子制成的印章；王爷和一品官员用由银子制成的印章；下一等的官员则用由黄铜或铅块制成的印章。印章的重要性显而易见，下面的故事就是一例。

钦差[1]是清朝地位很高的官职。一位钦差的印章被他的死敌盗走了。这位钦差很怕因此丢官，甚至引来杀身之祸。为了取回印章，他半夜里在自己的

---

[1] 一种临时官职，由皇帝亲自派遣，代表皇帝出外办理重大事情。——译者注

住所放了一把火，故意让人看见他成功地从火中救出了存放印章的小木盒，然后带着它去找他的死敌，乞求对方精心保管。他的死敌因为担心被指控偷窃印章，只好把印章又放回到小木盒里。如此一来，这位钦差躲过了死敌的陷害。

外国的大使不准定居中国，他们只能在京城短暂停留，一次最多40天，有时可以延长,但最多延长两次。外国大使和随行人员的所有行程必须服从皇帝的安排。马戛尔尼伯爵使团的人出于谨慎，拒绝了很多他们需要的物品，因为不允许他们私下购买，为他们提供的所有东西都是免费的。

有人误以为只有皇帝的宫殿才能正对着南方，事实上只要可行，大部分的私人房屋都是朝南的，因为人们认为这是最合理的朝向。

中国人非常重视农业祭祀典礼。春天，皇帝会亲自下田犁地。

中国的帝王有时候也被称作父亲或母亲。人们几乎把他当作神，很多帝王也都把自己想象成神。康熙皇帝封他去世的母亲为“九华女神”。

身着夏装的清朝官员和地位显赫的女性

清朝官吏中，地方官员的地位可以随意变动。他们来自各个阶层，但行刑者和差役总是来源于劳动者、手工业者和商人，这项光荣的差事只能由尽忠尽职的人担任。

在中国，唯有儒教能够享受世袭的尊贵，这一宗族已有两千多年的历史。这位伟大哲学家的直系子孙已经绝后，但他一个侄子的血脉却延续了下来，其后裔被授予“先贤子蔑”的称号。[1]

当时的中国共有 49.3 万名官吏，职位划分细致，各司其职。这些官员分为文官和武官，享受免除赋税和徭役的待遇，还可以凭借职位从清朝政府的财产中借出一部分。他们的俸禄不高，但清朝政府会提前 6 个月支付给他们。依据金尼阁[2]神父所言，清朝官吏俸禄最高的也没有超过 1000 贯[3]。低薪的后果就是，官员们在为朝廷执行特殊公务时，想方设法地从政府提供的经费中盘剥克扣。

官员们有权穿绣金服饰。他们从 4 月中旬开始穿夏装，从 10 月中旬开始穿用皮毛装饰的冬装。清朝实行九品官制，以服饰上的顶珠、玉坠牌子和腰带区别官级大小。清朝官吏佩戴的顶珠分别是：一品官员用红宝石；二品官员用磨制好的红珊瑚；三品官员用透明的蓝宝石；四品官员用不透明的青金石；五品官员用透明的白水晶；六品官员用不透明的白色贝壳（砗磲）；七品和八品官员用其他装饰；九品官员用镂花金。皇帝有时也会赐予官员特殊装饰，比如在他们的帽子上加花翎。

官员们官服的前后都有方形的精美刺绣[4]，上面的图案有鹌鹑、锦鸡、孔雀、仙鹤、练雀、熊、雁、老虎等。绣有飞禽类图案的是文官官服，绣有兽类图案的是武官官服，用不同的图案表示官员不同的级别。皇子、王爷和贵族的服饰上也有相同的刺绣，只不过是圆形而非方形。

地方官员要对各自辖区的不法行为负责，虽然被严密监视，但也不能避免他们滥用权力。依据德金先生所言，传教士说官员们连一个火柴商都不敢打，这多少夸大了官员的文雅举止。

官员的随从数量非常庞大。他们觉得人数比装备更能体现威严，所以他们身边

---

[1] 孔忠，字子蔑，孔子兄孟皮之子，孔门七十二先贤之一，在清代被称为“先贤子蔑”。——译者注

[2] Nicolas Trigault（1577—1629），法国传教士、汉学家，和利玛窦一起开启了以拉丁文为中文注音的先河。——译者注

[3] 贯，清朝称吊，1 吊 =1 两白银。——译者注

[4] 即补子。——译者注

身着夏装的清朝官员

常常围绕着大量衣着简陋的随从和护卫。

中国女人的外衣非常长，从脖子到脚后跟，只有脸没有被遮住。她们的手总是被又宽又长的袖子盖住。其裙子大多是红色、蓝色或绿色。

中国女性长相娇美：她们有小巧的鼻子、小而灵活的眼睛、漂亮的嘴巴、玫瑰色的嘴唇和黑黑的头发，耳朵上佩戴着长长的垂饰；她们气色红润，表情愉快自在，性格平和。几乎所有女性都化妆，有人专门售卖白色或玫瑰色的化妆品。她们的手一般都是棕色的，与白皙的脸形成了鲜明的对比。

地位显赫的女性最迷人之处就是拥有一双极小的脚——需要从孩童时就用布条把脚紧紧裹起来阻止其发育，长大后也不取下。一些省份的乡村女孩也模仿这一荒谬的习俗。这些小脚除了大脚趾在正常位置外，其他脚趾都被挤压得黏附在脚底，最终再也无法和脚底分开。虽然中国的男性希望自己的妻子深居简出，但这个习俗的产生并不是因为中国丈夫的荒谬专横，而是因为这些女性效仿一位主动裹脚的娘娘。满族女性则没有这种自残身体的习俗。

有些女性会佩戴一种黄铜或镀金的银质头饰。头饰造型的翅膀伸展到头饰的前端轻轻晃动，尾羽伸展到头中部，象征中国的凤凰。

中国女性过着类似退休的生活。她们把所有的精力都用于管理家庭事务和讨好丈夫。然而她们也并不像常人想象的那样被严格限制。正如小德金先生所说："女人们可以在北京的大街上随意行走。我们遇见过很多走路的女人，富有的或有权势的女性出行时有仆人走在前面，也有一部分女性乘坐敞开的四轮马车出行。她们盘着腿坐在马车里，通常一辆马车可以坐两到三个人。"

女性之间经常互相拜访。在中国，没有哪个社交圈允许女性加入。结婚非常便捷，或者更恰当地说，仅仅是双方家长达成的一种讨价还价般的交易。女孩没有权利选择或者拒绝由谁当自己的丈夫。男方的状况也好不到哪里去：婚礼时他的妻子会被带到他的面前，在此之前不允许他去见自己的妻子。他会提前得到送亲轿子的钥匙，如果他打开门，发现这名女性不合自己心意，可以选择把她送回去，但这样就会失去之前送给女方父母的所有聘礼，同时必须返还女方所有嫁妆。

皇家供水马车

用来给皇家供水的容器是一套非常大的方形罐子，相互连接在一起，放在马车上，像我们的运水车一样，甚至比我们的运水车还要方便，因为无须把水从一个罐倒进另一个罐。但需要特别小心的是，从溪流中取水时，一定要注意水源是否干净。太监和专事官员紧紧跟着运水的马车，视线一刻也不敢离开。因为这关系着皇帝和皇子们的日常用水，稍有疏忽就会受到严厉的惩罚。

皇宫里有专门负责供应食物的人，他们的任务各不相同——有人提供牛奶，有人提供面食，等等。

皇家供水马车

大臣的轿子

中堂[1]是最高级别的官员，装束与亲王相同，下页这幅插图展现的是其坐轿子出行的情景。

只有达官贵族才有资格乘坐绿色的轿子。他们也有与之类似的私人交通工具，但是前面是封闭的，而且为了减少颠簸，轮子设置得很靠后。马戛尔尼伯爵受命在北京调查轿厢的悬挂方式。他有一架豪华的私人四轮马车，还要把一架富丽堂皇的双轮马车作为礼物献给皇帝。

中国人排斥新鲜事物，非常不喜欢双轮马车。伯爵曾邀请一位官吏乘坐这种马车。这位官吏在车子里不断地晃动，感觉自己随时要摔倒。最大的不便就是前面的轿厢比里面的座位还要高。皇帝不会乘坐这样的交通工具，也不满意这种改造。皇帝的双轮马车仍然使用木质车厢，不能添加任何低等级的材料。

如前文所述，那位失宠的乾隆皇帝时期的和中堂，向我们展现了中国官员的沉浮命运，正如其他所有君主专制国家一样。李斯也是这一命运的牺牲品。他从最初的无名小卒，一跃成为秦国的丞相，最终却因为一时失言而遭到惩罚。在君主制早期，君臣之间不像如今这样等级森严，大臣被视为贤达和友人。君王和大臣被看作是同一身体的大脑和手臂。

当英国使团进入中国时，轿子非常多，所有的随行人员甚至列兵都可以坐轿子。然而，他们不喜欢这种新的出行方式，反而走出轿子，让中国轿夫坐在里面，他们在外面。

---

[1]清朝对大学士的尊称。——译者注

大臣的轿子

公主的马车

公主虽是皇帝的女儿，但除非有大量的随从陪同，否则很少外出。公主可以看别人，却不允许别人看公主。当公主乘坐马车或轿子外出时，会有人手持鞭子和长竹竿命令路人排好队，背对公主的队伍，以示尊敬。

有人声称路人也必须背对皇帝，这在欧洲是非常鲁莽无礼的，但使团否定了这一点。如下页插图所示,公主的马车是黄色的,样子有点像囚笼,车门处有两名太监服侍。

皇帝的长子被称作皇太子[1]或者大阿哥（后者是满族的称呼）。他们通常外出时骑马，并有大量随从陪同。其帽子上的顶珠由 3 条金龙构成，饰以 13 颗珍珠，顶上那颗珍珠最大。皇帝的其他儿子被称作皇子。皇子的帽子上也有同样的顶珠，但顶上不是大珍珠，而是一颗红宝石。

值得注意的是，亲王和皇帝的马车只由一匹马来拉。在中国，是不靠马车的马匹数量来区分等级的。驾驭很多马拉动的马车是非常困难的，如同我们的翻斗车一样，这也许解释了为什么这种马车没有沿用至今。

皇帝的女儿不能继承皇位。她们只和中国人通婚。皇帝将她们许配给自己的重臣，而大臣们将此视为一种荣耀和嘉奖。

皇帝本人不会通过与外国公主通婚来缔结联盟。皇帝登基时，达官贵人会把年轻貌美的女儿献给他，他可能会从中挑选一位妻子，被选中的家庭会因此获得无上荣光。皇帝娶妻数量没有限制，但皇后地位最高。

皇帝的众多女人住在后宫，与外界没有联系，或者说对外界一无所知。有时她们会隔着帘子参加朝廷庆典，这样既可以看到外面，又不会被外人看到。斯当东[2]爵士之子（他如今已继承了这一爵位）是马戛尔尼伯爵随从中的重要人物。这些女人似乎注意到了他，并希望可以更近地观察他，于是安排他坐得更近，以便她们随意观察。

有些皇帝为了满足妻子对都城布局的好奇心，在热河行宫和圆明园里修建了一些含有北京特色街道的小型城镇。

皇帝逝世后，他的遗孀不能再嫁，无论求婚者的等级多高。这些遗孀会被送到皇宫一个特定的地方——慈宁宫。在那里，她们只能通过少量的娱乐活动和节庆排遣苦闷。

---

[1]“皇长子”与“皇太子”不能等同对待。——译者注

[2] 英国探险家、植物学家，受雇于英国东印度公司。1793 年，他作为英国使团的副使出使中国，其子小斯当东随行。小斯当东可能是英国最早的中国通。1816 年，他作为副使随阿美士德出使北京。——译者注

公主的马车

身穿官服去上朝的五品官员

下级官员不能单独决定重大事情，必须向上级官员禀报。州县长官向该地区的财政长官布政使和省的最高长官巡抚汇报。这两个省级官员都拥有重要的审判权。总督级别比巡抚高，通常主管两到三个省份，同样拥有审判权。总督这个职位很重要，除非被任命为朝廷大臣，一般不会被免职。

前面我们已经提到了一些区别官民及官员等级的标志。中国官员通常享有令人羡慕的特权，平民和他们说话时必须跪着。他们出行时由官邸的所有随从陪同。队伍的前端是两个手持杖刑长竹板的护卫。同时队伍还敲着一种声音刺耳的中国鼓——铜盆或锣。另外还有执行刑罚的人，他们带着铁链、鞭子和弯刀。紧接着的随从举着伞、旗帜及其他显示官员身份地位的仪仗。骑着马的护卫在前面带路，官轿紧随其后，仆人和士兵环侍在轿子周围。如前图所示，轿子由四个人抬着，或者由两匹马或两匹骡子拉着。

马在中国是很奢侈的，非常少见。德金先生估计，中国只有242万人拥有骑乘用马。这些马很小，不好看，走路的姿势也不优雅。北京的官员更习惯骑骡子，因为和养马相比，养骡子的花费更少，而且骡子也更耐劳。东北地区有野骡子，步态和品种都不同于中国其他地方的骡子，满族人还以骡子的肉为食。中国西部则有骆驼和野马。野马成群结队，遇到圈养的马时，会围住它们，迫使它们离开。东北地区的马很耐劳，捕猎时非常勇敢。

身穿官服去上朝的五品官员

敲梆子守夜巡逻的衙差和在他前面提灯笼的衙差

到了傍晚，中国的城门和每条街道的尽头都会设置好路障。夜里任何一个体面的人都不会去街上。大街上有提着用来敲打的中空竹筒的人巡逻。这个竹筒不仅是衙差的标志，也是他们报时和报告天气的工具。巡逻时遇见任何人都要盘查，只有提供可信的理由，才能从路障旁边的一个小门通过。他们提着的灯笼上写着他们的名字和职位。

有些由木片或中空竹子制成的筒不是圆筒形的，而像一条鱼，大概 2.5 英尺，直径约 6 英寸。约翰·巴罗先生说，他们有很多个夜晚都难以入睡，直到习惯了竹筒的噪声。巡逻的官员通常骑着驴，由一个提着昏暗灯笼的衙差在前面引路。不仅有衙差负责地方的保护工作，每 10 户还设一保长负责维持地方秩序。

中国人把一天分为 12 个时辰，第一个时辰从我们的晚上 11 点开始，到凌晨 1 点结束。每个时辰包括 2 个小时，1 个小时即半个时辰，1 个时辰又被分为 4 个时刻。一天中的 12 个时辰分别对应 12 种不同的动物（生肖）：鼠、牛、虎、兔、龙、蛇、马、羊、猴、鸡、狗和猪。夜晚被分为五更：一更时在各军事驻地敲一下鼓或锣；二更时敲两下，以此类推。

中国可能是世界上使用灯笼频率最高的国家，也是灯笼最多样、最有艺术性和最美观的国家。在中国，衙差巡逻时提着灯笼是很常见的。但令人费解而又可笑的是，士兵们在军事演习时手里提的还是灯笼，而不是武器。约翰·巴罗先生称，他们夜里抵达通州府时，看到中国的士兵们列队进行训练，每个人都提着一盏精美明亮的灯笼。

中国每年都会举行规模盛大的元宵节灯会。整个帝国在元宵节这一天灯火辉煌，你能想象到的各式各样的灯笼都会出现。灯笼通常用透明的纸或纱制成，但更多的是用兽角制成的。它们如此精美，如此透明，以至于外国人第一眼看到时都会以为是玻璃做的。每一个灯笼都由一个单独的兽角制成，其精密之处在于，兽角片是通过在沸水里软化而黏合的，所以很难分辨出来。

敲梆子守夜巡逻的衙差（左）与在他前面提灯笼的衙差

前往守卫宫殿大门的八旗军

从王大人给马戛尔尼伯爵的便条中可以了解到，中国的军队大约有 100 万步兵和 80 万骑兵。但这都是名义上的，并不是实际兵力，因为并非所有编制都是满员的。小德金先生估算，步兵可能有 60 万人左右，其中约 9.5 万是满族人；骑兵大约有 24.2 万人。骑兵的数量相对而言非常庞大，因为中国本土马的数量非常少，而从国外运输马匹又十分困难。

八旗军与绿营兵差别很大。前者由他们自己的将军管辖，后者则散布在各个省份的城市、军事要塞和哨所。八旗将军能直接指挥 3000 名士兵。将军下面有两个都统，每人统领 1000 名士兵。左都统级别较高，因为在满族中“左”代表尊贵。绿营兵的省级最高军事长官是提督，手下有 5000 名士兵，其中包含 1000 名骑兵。提督下属的中军或副将统领 3000 名士兵；此外，还有 6 个总兵，每人负责 3000 名士兵。

中国长期处于和平状态，士兵们很少有生命危险。当士兵是有利可图的，总体来说令人满意。士兵们在自己所在的省份入伍，隶属于当地的驻军。满族的男性一出生就是军籍，被登记为八旗兵。他们拥有一部分领地，但只是租用，只能转让给出身相同的家庭。

中国的士兵只在阴历的月初进行训练，训练之外的时间可以自由行动，训练时严禁外国人在场。马戛尔尼伯爵和他的随从曾经因为在途中接受军礼而有机会了解中国士兵的状态。约翰・巴罗先生说，士兵的纪律性很差。夏天时士兵们更愿意使用扇子，而不是火枪。他们有时排成队列跪在大使的面前。阅兵式上他们看起来似乎更像戏剧演员，而不是士兵。

他们配有絮棉的长袍、绸缎靴子和扇子，这与他们的职业和所处环境的多样性、恶劣性形成鲜明的反差。不同省份的士兵有不同的制服。

战争期间，士兵除了通常的报酬以外，还能提前领 6 个月的报酬，政府还会把他们报酬的一部分作为生活费支付给他们的家人。步兵每个月的报酬约合 18 先令 4 便士[1]；骑兵每个月的报酬则约合 1 英镑 17 先令 6 便士。

对绿营兵的惩罚方法是用一根竹子杖打，对八旗军的惩罚方式则是用鞭子抽打。

一些守卫皇宫的八旗军必须携带防火工具，还有耙子、鹤嘴锄等工具，用来清扫和修理皇帝在京城游玩或返回海淀时需要经过的道路。

---

[1] 1971 年前英国币制，1 英镑 =20 先令，1 先令 =12 便士。——译者注

前去守卫宫殿大门的八旗军

坐独轮车的女子

相对于两人抬的轿子来说，独轮车这种交通工具更舒适，危险性也更小：如果有一个人摔倒了，这个轮子也可以支撑轻巧的车子。只有满族妇女使用这种独轮车，汉族妇女一般不使用。

北京城里有很多用马拉的车，可以租借。但是，正如上文提到的，由于没有弹簧，非常颠簸，坐起来并不舒服。为了弥补这一缺陷，轮子安装的位置要尽量靠后。这些租借的车子顶部是拱形的，外围覆盖着厚厚的蓝布，车上铺着黑色的垫子。大部分车子都是侧开门，但也有前开门的。

坐独轮车的女子

卖镜子的人

北京出售的镜子是磨得很亮的铜镜，其中有一些直径达到 4 英尺。全中国唯一的玻璃工坊位于广州。这家工坊制造玻璃镜，并像欧洲一样喷涂水银，但是这一尝试最终没有成功。尽管我们的玻璃镜很少生锈，磨光效果也不易改变，但中国人还是更喜欢那些金属的镜子，这种偏爱实在令人无法理解。他们在制作望远镜时不得不使用金属，因为他们的玻璃有双折射，展现物体时极易出现变形。

另一方面，拥有玻璃是很令人羡慕的，它在中国是一种珍宝。广东的制造商不知道用什么材料来制造它，只能融化老旧的玻璃碎片，制作成新的形状。玻璃太宝贵了，所以他们的窗户不用玻璃，大多数情况下，窗户用透明的贝壳[1]或纸做成。

中国古人制造玻璃要么使用云母，即玻璃化的火山岩浆——在火山的边缘可以找到；要么使用白色的抛光金属，这种很常见，在一些很古老的历史遗迹中还可以看到。它们跟中国镜子一样是圆形的，同样有一个柄，这样就可以用手握住或者固定在一些家具上。这些玻璃的功能是考古学界长期以来争论的话题。有些人认为它们是祭祀用品，但是泰桑（Tersan）先生在几年前已经明确地证明了它们是镜子。

卖镜子的人

[1] 建筑学上称之为“明瓦”。明朝时期富裕人家用之替代玻璃。——译者注

满族妇女和儿童

对于汉族人的大部分风俗，满族人是不愿意接受的。而对于汉族妇女的风尚，尤其是裹小脚的风俗，满族女性也没有接受，对此没人感到奇怪。满族妇女不仅任其双脚自然发育，甚至还穿一种像大船一样弯弯的鞋子，这使她们的脚显得更长，汉族妇女嘲笑她们穿的是“满人船”。满族妇女的鞋面通常由绸缎制成，上面有精美的刺绣，鞋底则用纸或布制成，厚度大约为 2 英寸。

在北京的大街上能遇到很多满族妇女。她们面容坦诚而自信，在公众面前显得非常自然愉快。她们有时步行，有时骑马。她们骑马时不像英国的小姐们那样侧坐，而是像男人一样跨坐。她们穿着很长的丝绸长袍，几乎垂到脚踝。她们的头发像汉族女性一样挽起来，每一面都很平滑。尽管她们像汉族女性一样使用很多红色和白色的脂粉，但是显然，她们的肤色更好看一点。

几乎每个女人都用鲜花来装饰头发。因为她们习惯吸烟，有时还嚼槟榔叶，所以她们的牙齿都很黄。她们通常会穿一件丝织的衣服而不是筒裙，外面是坎肩和宽大的绸裤，冬天时则饰有皮草。坎肩外面是一件绸缎长袍，腰部围着一圈优雅的腰带。满族美人的一大特征就是拥有完美的身材。

她们与汉族妇女还有很多不同，比如满族妇女会让指甲无限生长，还把眉毛修成细细的弧形。满族男人和女人一样，任由指甲自然生长，以显示他们不以劳作为生。富人、文人和官员则只让左手的指甲变长。

德金先生见过一个中国医生。他的指甲最长大概有 12.5 英寸，其他的指甲大概也有 9 至 10 英寸。为了精心地保护这惊人的指甲，这位医生不得不把手指一直放在小竹管里。

满族妇女和儿童

身着盛装的班禅和东北地区的喇嘛

中国境内的神职人员可能有 100 万人，他们主要分为两类——信奉道家学说的道士和信奉佛教的和尚。不难发现，汉传佛教与藏传佛教很相似，神的历史渊源和特质几乎与日本佛教无异。这些神在暹罗、勃固和阿瓦[1]都有不同的名字。

满族人对佛的崇拜比汉族人更普遍，他们称僧人为喇嘛。班禅是最高等级的喇嘛，在教徒们看来，他不仅是宗教首领，也是神在人间的代表，是不朽的神的化身，就像罗马教堂里的教皇一样。

人们相信班禅永生不灭，死亡仅仅改变他肉体的存在形态。这是神为了惩罚人的罪行而从班禅身上抽离出来，不久之后，僧人们就会依据某些征兆找到一个附有班禅永恒灵魂的婴儿。有时候，这个孩子被找到时已经好几岁了，僧人们就教导他接受这一身份，但机会大多会落在一个刚出生的婴儿身上。一旦找到了这个婴儿，僧人们就把他安顿在宫殿里，像尊敬去世的班禅一样尊敬他，甚至会说服他们自己，去世的班禅一直还在，只是经历了一次真正的轮回而已。史书曾简要记载藏传佛教传入中原地区时的情况。

当佛教成为皇家信仰的时候，僧人们受到了人们极高的尊敬，拥有最富丽堂皇的寺庙。一些寺庙拥有500尊比真人还要高的镀金佛像，这些佛像代表着佛或过世的喇嘛。

下页插图中的班禅穿着一件带有皮毛镶边的黄缎长袍，长袍外面搭着一条深红色的披单，还披着跟长袍尺寸一样的黄色斗篷。僧帽是用黄色绸缎制成的，后面拖着两根一模一样的穗子。靴子也是黄色的，上端用一根很细的黄色带子束起来。图中的另一个人是东北地区八旗中的一个普通喇嘛。他穿着朴素的黄色长袍，系着红色的腰带，穿着红色的靴子，戴着一顶黄色丝绸制成的帽子，这就是他的全部服饰。

在乾隆皇帝统治的第 16 年[2]，六世班禅到京为乾隆贺寿，获得了极高的礼遇。他事先在手上涂上黄色涂料，亲自在上千张纸上印了掌印，散发给民众。没过多久，六世班禅因为身染天花病逝，其葬礼规模非常宏大。他的遗体在庄严肃穆的仪式中被运送到西藏的扎什伦布寺。

僧人们很快就找到了一个还在吃奶的婴儿，认为他就是已故班禅的化身。1783 年，塞缪尔·特纳受英国派遣，带领著名使团前去拜访时，他还是个不会说话的婴儿。1800 年，特纳将军根据这段经历出版了一本有趣的回忆录。

---

[1] 均为东南亚地名。——译者注
[2] 实际为第 45 年。——译者注

班禅（左）与东北地区的喇嘛（右）

一位正在烧纸、祭拜门神祈福的满族女性

尽管皇族信奉佛教，但是佛教既不是他们唯一的信仰，也不是最流行和最广泛的信仰。中国允许信奉任何宗教，这也许就是皇帝会接受法国传教士的原因。儒教为纯粹的自然神论，是一种自然宗教，只掺杂了少数超自然的成分，保留了少量的仪式，主要崇拜的是祖先的灵魂。

总体上，人们大多相信灵魂转世。由此便出现了这样的把戏：两位僧人从一个贫穷的农村女人那里得到了两只鸟。他们跪在两只鸟的面前，声称自己的两位亲属的灵魂就在这两只鸟的身体里。

佛教的僧人跟道教的道士一样，让人们陷入无尽的迷信之中。正如插图展示的，一个满族妇女正准备祭祀，小小的祭坛上有两支正在燃烧的蜡烛，还有一些香和金银纸。人们通常会在新月或满月的时候举行这种仪式，用来祭拜门神，祈祷家族平安。

一位正在烧纸的满族女性

一位匍匐苦修的僧人

为了让路人施舍，僧人甘愿做出任何难受的动作，承受任何磨难和痛苦。在中国，这样的僧人跟印度一样多。有些人把长长的针刺入脸颊，除非获得施舍，否则他们就不把针取出来。有些人终生背负着一个沉重的枷锁来惩罚自己。有些人如下页插图所示，匍匐朝拜。他们四肢着地，背着一个鞍，嘴里衔着一根缰绳，就这样匍匐前行 9 或 12 英里，甚至更远。

钱德明神父批评了我们最著名的作家，批评得很严厉，但也很公正。他说："如果日内瓦的赫洛斯塔图斯[1]——让·雅克·卢梭能够意识到，偶像崇拜的崇高哲学产生了一些天才，而这些天才在很多方面都优于人类的原始状态，那么他就不会这样批评中国了。欧洲人还坚持着审慎和得体的荒谬理念，这明显贬低了原始力量。这一点他已经准确地注意到了，我们也不必阐述过多事实来印证。"

事实上，卢梭在他的《爱弥儿》中声称，人类在自然状态下是能够而且必须四肢着地行走的，尽管这一断言与常识相违，而且遭到了解剖学的反驳。猴子直立起来很像人类，但是长时间保持这一姿势就会感到疲惫。我们的腿和股骨的长度，尤其是后枕骨固定在脊椎上的方式，使我们四肢着地行走时不会出现严重不便。

郑绍基（Lucien Lacomte）神父提到过一种苦行——将自己置于怪异和痛苦的境地之中。郑绍基神父在一个村庄里看到一个温和、友善而又谦逊的年轻僧人笔直地坐在一张铁椅上，这个椅子上铺满了锋利的钉子，坐在上面一定非常痛苦。两个搬运的人拖着他挨家挨户地走。"你看，"他说，"我为了你的灵魂安好才受这样的苦难；两千多根钉子全部卖掉，我才会停下来。""每一个钉子，"他补充道，"卖 6 便士，它会保佑你和你的家人。无论如何请买下一个。僧人不会私吞你支付的钱，你也可以用其他方式向僧人施舍，所有的钱都将交给佛祖——我们要为他建造寺院。"

---

[1] 公元前 4 世纪的希腊纵火犯。他为了出名，摧毁了阿耳忒弥斯神庙。在当代文学中，赫洛斯塔图斯变成了一个比喻，指为了出名而犯罪的人。——译者注

匍匐苦修的僧人

圆明园

圆明园是清朝皇帝的夏宫，距离北京皇城有一段距离，比海淀还远。圆明园的围墙至少有 12 英里长。目前只有一小部分对英国大使及随从开放。荷兰大使晚来了两年，清朝官员对其表示遗憾，因为园内很多地方失修，建筑缺乏观赏性，不能向他们展示。

据说，圆明园中有 30 座风格不同的宫殿，还带有附属建筑物，专门提供给皇帝的主要官员、家仆和劳工。中国人自豪地把这些大型建筑群称为宫殿，但这些建筑群更引人注目的是庞大的数量而不是它们的富丽和品位。大部分附属建筑只不过是小房子。如果这些木质建筑外没有他们掠夺来的黄金和优质清漆的覆盖，那么帝王居住的宫殿及其接见群臣的大殿，跟仓库并没有太大区别。

圆明园里用于接见贵宾的大殿约比庭院地面高出 4 英尺，由巨大木柱组成的廊柱环绕着整个建筑，支撑着屋顶。第二列柱子在廊柱的内侧，与外围的柱子相对，构成大殿的墙壁。柱子之间填充了 6 英尺高的砖和水泥，设有门和窗。门窗上覆盖着油纸，上朝时门窗会打开。这些柱子都没有柱顶。

大殿长约 110 英尺，宽约 44 英尺，高约 20 英尺。皇帝的宝座位于大殿尽头，用红色的木头制成。殿顶绘有颜色各异的圆形、方形和多边形图案。地板是方格状的，用灰色的大理石制成。大殿里的家具和装饰只有两个铜铙钹、四个古老的陶瓷花瓶、四幅卷轴和一台老式英国座钟而已。

皇帝的住处一般由很多装饰简洁的小房间构成。除了一个祭祀的橱柜外，房屋的墙上全部覆盖着纸花。所有的帷幔都是白纸制成的。

花园里有一条河，形成了小瀑布。花园的池塘里游着金鱼。这些金鱼产自中国，最长可超过 1 英尺，如今已经广为人知了。这里的小路是不规则的，人们尽量避免路面平整。英国曾经成功地仿造过这样的花园。说起金鱼，尽管它们在欧洲生长缓慢，但却是最温和的动物，几乎不用摄取任何营养。金鱼能在没有任何食物的情况下存活一个月。只需每两天或三天更换一次新鲜的水，它们就能依靠水里的微生物存活。金鱼很喜欢苍蝇和白蛋糕。我就养了这样一条温顺的金鱼。它会游到水面上，吃光我手上的东西。

圆明园

一位骑马游街的年轻新科进士

中国政府如同慈父一般重视子民的教育，很少有村子没有学校。中国的孩子们从5岁开始学习汉字。汉字不仅数量庞大，而且十分复杂难懂，一个人终其一生似乎也不能完全掌握所有汉字的读法和写法。

学校对学生们的教育似乎更多的是练习写作。有的父母为了让自己的孩子获得更完备的教育，自费把孩子送到国子监学习。在那里，学生们会学习一系列的课程，相继获得类似欧洲大学里学士、硕士、博士的学位。学生们只有通过大量严格的考试，才能获得这些学位。

某种程度上，文人在中国是一等人，教师和政府官员都来自文人。文人被认为是高贵的，还可以免除赋税。中国的教育体系非常繁杂，很多学生需要花几十年才能完成，在此期间学生们要投入所有精力闭门苦读。

当一个学生考上进士时，是整个家族最喜悦的一天，他的父母会小心地簇拥着他。按照传统，他将在盛大的庆祝仪式上收到一只羊羔作为礼物。新科进士通常会留出三天时间骑马游街。举着旗子的人走在前面，旗子上写着这位年轻人获得的新头衔。

然而，科学精神在中国并不普遍，也不深刻。中国人的全部知识，或者说绝大部分知识仅限于他们自己的语言，还有一些对国家政治和历史的粗浅了解。他们对于其他民族的地理和历史知之甚少。他们认为解剖学是犯罪，认为解剖身体是对人的一种侮辱，因此在外科手术方面几乎毫无建树。正如约翰·巴罗先生说的那样，如果强大的中国皇帝弄断了腿，遇到某个年轻的欧洲学徒帮他接上，皇帝可能会感到十分幸运。

康熙皇帝对一个擅长炼丹和巫术的道长青睐有加，在其死后还封其为上帝和日月星辰的主宰。然而我注意到，“上帝”这个词语是我直接借用了传教士著作的说法，其实用“神君”这个词更贴切。

一位骑马游街的年轻新科进士

中国的武器

下页图中描绘的武器是中国的大炮和火枪。

火枪用熟铁制成，安装在一个木托上，木托的末端又小又尖。点火孔上盖着一块可以拨开的小铜片。这种枪不是靠打火石来发射子弹，而是用火柴。火柴的放置方式如同我们古老的火绳枪。每个士兵都配备一些火柴，放在皮袋里，绑在枪上。士兵在使用这种枪时，一般会把枪放在两个铁钉上。中国的弹药筒是一种用刷了油漆的黑布制成的口袋，里面装着子弹。

士兵配有刀剑。他们的盾牌饰以缎带，直径 2 英尺，重 8 磅左右，可以抵御箭头和剑，但挡不住枪弹。箭袋里有几排不同规格的箭。有一种箭最奇特，箭头部分还带着另外一支箭。还有一种是箭头可以拆开，包藏一封信——这是对付敌人的办法，比如在一个被团团包围的小镇里，可以避开对方的警戒。

弓力就是把弓拉弯需要的力量。军队中弓力最小的弓是 84 磅，最大的能达到 100 磅。弓拉开之前呈半圆形，一般从背面拉开。这也许会给人这样一个印象：中国士兵必须具备很强的身体素质，尤其是古时候的弓箭手更是如此。现代枪炮的发明具有深远的意义：今天的战争中，个人力量的作用很小。每个欧洲战士只要能忍受火枪的反冲力，就能像最强壮的战士一样。在我们的现代军队中，与肌肉的强大力量相比，健全的体格、对疲惫和艰辛的忍耐，更能造就真正的战士。

箭杆是用冷杉木制成的，有时候也用芦苇杆，做工十分精美。箭头全都是菱形的，十分锋利。弓是用坚硬而富有弹性的木头加上水牛角制成的，木头和牛角的混合使用增强了弓的弹性。弓弦由缠绕着的丝线制成，大概像小鹅毛笔一样粗，中间附有一块皮革，箭从皮革处射出。

中国的士兵们有时候也会用箭来射鱼，这种方法十分聪明。他们用一根绳子把箭和弓连在一起，射中鱼后用绳子把鱼拉出水面，还不会丢失箭。

中国在设有防御工事的地方也会用弩。这种弩只能通过机器拉开，可以将大量的箭射向很远的地方。

传教士教会了中国人怎样铸造大炮，但他们的炮台铸造技术却很差。下页插图中的第二门炮是老式的中国长炮，由三四段熟铁构成，用相同的箍连接起来，装在架子上。插图中最上的武器是一个很大的铁管，比火绳枪的枪筒更宽，可以向不远处发射炮弹。

中国铸造大炮的技术是从耶稣会士汤若望和南怀仁那里学来的。铸造大炮是 18 世纪初盛行的技术，后来已经改进了很多，但看起来中国人在这方面似乎一直

中国的武器

停滞不前。他们在进行公共娱乐或礼赞一些重要人物时会放烟花，而不是放炮。烟花是一种垂直插在地里的礼花炮。约翰·巴罗先生曾提到，放烟花的士兵们不是直接拿火柴点燃，而是用一种小车将烟花盒子一个个引燃。

一位为儿子展示玩具的回族妇女

伊斯兰教进入中国已经有好几百年了，传教士们推断其具体的时间是公元599年。[1] 但是德金先生成功地推翻了这一论断，因为那时穆罕默德还没有建立伊斯兰教。据说在汉代，公元前206年，犹太人就已经开始在中国居住了。一开始，他们人数众多，但是很快就减少了。因为这些家庭只彼此之间联姻，既不和回族人通婚，也不和汉族人通婚。

杜赫德认为，除了河南的首府开封，其他地方是没有犹太教堂的。约翰·巴罗先生说，很多犹太人为了得到更高的地位，宣誓放弃摩西的宗教信仰。他还说道，除极少数的犹太人（如拉比[2]）外，大部分人只懂一点希伯来语。由于犹太人已经与中国人共同生活太久了，他们的牧师几乎不能维持犹太教堂正常运作。英国大使馆的工作人员在去往杭州府的途中，希望能获得一些犹太人的信息，尤其想得到他们法典的复制品，这样就可以和《圣经》相比较了，但没有成功。

[1] 一般认为公元651年伊斯兰教传入中国。——译者注

[2] 犹太人对有学识的人的尊称。——译者注

一位为儿子展示玩具的回族妇女

关于农业盛典和元宵节

“在中国的历史上，”孟德斯鸠在《论法的精神》第14卷第8章中写道，“皇帝每年都要参加春耕仪式。这个庄严的公共活动的目的就是鼓励人们参加农业劳动。”古波斯人将每月的第八天称为劳作日，这一天国王会走下宴席和劳动者一起吃饭。如果只是为了鼓励农耕，这些制度是值得赞扬的。不管这种盛典是否成为制度，它现在已经变成了一种必要的风俗。现在皇帝一旦不参加，就会引发不满。

《尚书》中提到中国古代的一位帝王因忽视开垦土地，没有给上天供奉，遭到了人们的谴责。他们认为在皇帝任期内，国家遭受的灾难就是上天震怒的后果。中国很重视农业。据记载，尧帝选择一位出身卑微的农夫作为他的继任者，而没有选择自己的儿子是因为他的儿子虚伪、不诚实。这个名叫舜的新帝王后来把王位传给了与自己出身相似的禹。

另一位统治者名为炎帝[1]，为了让朝臣体验农耕，他亲自在宫殿旁边的土地上做示范。农业盛典应该是为了纪念炎帝的这种行为而创立的。每年春季的第一天，大概是我们的2月，在太阳进入宝瓶宫第15度的那一天，中国所有的城镇都会举办农业盛典。

在这个节日里，官员们坐着轿子出官府，前面以火把、旗子和乐队作引导，头上戴着一个花环。官员和随从们一起走向城市的东大门，仿佛走向春天。与此同时会出现一些轿子，覆盖着地毯或丝绸布料，上面有一些对农业有贡献的塑像或人物肖像。街道上也铺着地毯，每隔一段距离就竖起一个纪念牌坊。晚上，所有房子外面都会点起灯笼。

其中一个塑像是一头由泥土烧制而成的巨大母牛，非常沉重，有时候40个男人也难以搬动它。这头母牛的角是镀金的。它的后面有一个小孩子，这个小孩子的一只脚光着，另一只脚上有东西盖着。它代表了人民的劳动及手工艺的智慧。小孩不断地用一根棍敲着这头母牛，仿佛在命它前进。一群拿着工具的劳动者，戴着面具装扮成小丑。

当这头母牛到达官府前时，它身上的所有装饰都会被抢走。它肚子里装着的一大堆白色泥土做成的小牛，一下子就会被队伍中的人抢光。他们以同样的方式瓜分了大母牛剩余的部分。官员会发表简短讲话，说明农业对州府的繁荣发展具

[1] 中国上古时期的部落首领，所处时代为新石器时代。——译者注

有的重要作用，然后扶着犁亲自犁出一些沟来。

分母牛的环节多少会让人想起古埃及人的一种类似仪式。俄赛里斯[1]以公牛的形态受到人们崇拜；伊希斯[2]则把公牛分发给众祭司。英国也是这样，至少几年前，伦敦的牛奶商习惯在五月节时游行，并且佩戴一种挤奶女郎的花冠，有时候游行队伍中也会有一头装饰着鲜花的母牛。

任何一位官员从辖地来到朝堂时，皇帝都会询问当地的状况及农业产量。在都城里，皇帝会亲自主持农业庆典，亲手犁出几道沟来。该庆典不会带着一头泥做的母牛游行，而是在地坛献祭一头活牛。

皇帝选出 12 名贵族一起参加典礼，包括 3 位皇子和 9 位大臣。这 12 名满族人及皇帝本人，都要提前 3 天严格斋戒。在典礼前一天的晚上，皇帝会挑选几位满族人，将其送进祖先祠堂里，他们会在一张放着刻有皇帝祖先名字牌位的桌子前跪拜。他们要告知祖先，接下来的几天会有大量的贡品，仿佛祖先能够理解似的。

负责这场农业盛典的部门挑选 50 名劳动者来协助办理典礼。这些劳动者被推荐的原因或是年龄合适，或是表现良好，或是在自己职位上做出了成就。另外还要挑选 40 名更年轻的农民去参加犁地仪式。这些农民负责给牛套上挽具，准备即将播撒的种子。然后由皇帝播种。

皇帝在山上进行祭祀标志着典礼开始。祭祀地点大多远离京城，位于皇帝要亲自播种的地方附近。

皇帝完成祭祀以后，会走到平地上。一些官吏跟在皇帝后面，提着箱子，里面装着皇帝要播种的粮食种子。整个场面鸦雀无声，4 名“农夫”赶着牛，皇帝扶着犁，犁出几道沟印，将土地分成 5 个区域。然后，他按顺序取来箱子，将里面的粮食种子分别播撒到不同的区域。农民们会在以后的几天里把这片土地犁完。

人们对这片土地极其关注，政府官员会定期来视察。他们会仔细检查玉米是否长出了穗，穗的数量也许会被当作吉兆。例如，如果一株玉米抽出了 13 根穗，官方会通过朝廷公报通知全国。粮食在秋天收割，在同一个政府官员的监督下完成。粮食被装进黄色的麻布袋子里，人们小心翼翼地看护着。通常这些粮食会成为祭品，由皇帝亲自敬献给“天”或“上帝”。皇帝在特定的日子里也会祭祀他的祖先们，就像他们还在世一样。

尽管农业盛典的起源和流变很容易解释清楚，但同样重要的元宵节，即“灯

[1] 古埃及神话中的司阴府之神。——译者注
[2] 古埃及神话中司生育与繁殖的女神。——译者注

笼的盛宴”，就没那么容易说明了。对于它的起源，中国人自己都不能达成共识。

一些人说，一个官员的女儿掉进水里淹死了，她的父亲和其他人非常悲伤，为善良美好的她感到遗憾。他们打着灯笼找了她很久也没有找到。为了怀念她，于是有了这个习俗。

另一些人说，一位皇帝因为昼夜更替打扰了自己的享乐而非常烦恼，于是在侍妾的建议下，决定建造一座宫殿，宫殿里面被无数的灯笼照亮，不受阳光影响，这样皇帝就可以在里面纵情声色、花天酒地了。最终百姓起来反抗，皇帝被废黜了，这座宫殿也被毁掉了。为了记住这个教训，整个国家每年都会在同一时间点起灯笼。

还有一些作者没有试图寻找这个盛典的特殊起源，只是简单地追溯到了唐朝。唐玄宗在公元712年，下令在正月十五晚上点亮大量的灯笼。这个盛典在当时延续了至少三天，后来则延续时间更长。

在元宵节，中国所有的街道、公共房屋和私人楼房，都会被装饰得华丽非凡。

手工业
中国服饰与艺术
第二卷

圆明园里的皇长子及其妻子和侍从

表面上，皇长子和他的兄弟们没有什么区别，除非皇帝在位时就已经公开宣布了皇长子是自己的继承人。

中国人并不像欧洲人那样热衷于散步。他们不会去花园里运动，而是会选择一些特定的地方坐着休息，呼吸新鲜空气，感受花的芳香。中国人也不像欧洲人那样聚在花园里，不会分成不同的组去散步或交谈。只有一种情况人们会聚集在花园里，而且都是男子，那就是在特别盛大的宴会上，正餐和餐后甜点之间的间歇里。那时，所有的宾客会一起离开宴客厅，来到花园里被无数灯笼照亮的长廊里。用人端来盛水的银盆，客人们洗完脸和手后，会再次返回屋子里，继续随后的娱乐活动。

有时候，丈夫会和他的妻儿一起在花园里度过美好的时光。妻子弹奏乐器，孩子们玩着适合他们年龄的游戏。在这方面，皇室成员跟其他人没有什么不同。圆明园中有众多的宫殿，每座宫殿都有小花园。皇帝的儿子们住在划分好的宫殿里。他们像普通家庭一样，没有野心，没有阴谋诡计，因为他们没有特殊荣誉，也几乎不能和大臣及其他官员交流。

在已故皇帝的葬礼期间，一位皇子特别希望一位阁老出席葬礼，还向他提出一些问题。阁老一反惯例，走上前，跪着回答了问题。没过几天，这位皇子和阁老就被告发了，并因此而受到了惩戒。皇子受罚是因为让阁老在他面前如此卑躬屈膝，而阁老受罚则是因为他辱没了国家最高机构。

杜赫德说，在清代以前，皇子们会被分散到各个省份，皇室按季度分给他们钱粮。他们会很快将其挥霍掉，从来没想过把它们积攒起来。他们不允许放弃分配给他们的住处，否则将被处以死刑。然而，清代有了新的规定。皇帝认为皇子们住在皇宫，在他的眼皮底下更合适。这些皇子的日常开支由国库支付，除此之外，他们还有土地、房屋和税收。他们的钱财通常由仆人管理，其中某些仆人非常富有。除了皇子以外的皇亲国戚被划分为五等。他们日常的职责就是协办公开的典礼，每天早上都要去皇宫请安，然后回到自己的住宅。没有特许，他们不能相互拜访，也不能在皇城外居住。

皇长子及其妻子和侍从

流动书贩

中国和欧洲一样也有书店和书库，但更多的是书贩的货摊。书贩不卖经典著作，而是向下层民众出售一些传奇小说和诗集。中国的小说一般都兼具教育性和娱乐性，而诗歌的内容主要体现礼教、公民义务及道德准则。

货摊上的书大多被摆放在灰色或黄色的优质木板上。书店里的书卖得更贵一些，因为封面是用精美的绸缎做的，上面有用金或银装饰的花纹，靠边的位置还有书名。奇怪的是，书名通常并不在书脊上，而是标记在封皮的侧面。

每个国家都有自己的习俗。在西班牙，埃斯科里亚尔图书馆里的书都是在书页边缘标记书名。这座图书馆最初的主人是阿里亚斯·蒙塔努斯，他是16世纪西班牙著名的学者，后来他把这些书都捐赠给了政府。蒙塔努斯是近视眼，相比于书脊上的小字，他更喜欢在书页边缘用大字标记。因此从那时起，这些书就被页边朝外摆放，正如我们在布尔古安（Bourgoing）的《现代西班牙》（*Modena State of Spain*）（第1卷，第240页，伦敦）中看到的那样。

在中国，质量较好的书配有图画，显得很雅致，图画色彩清晰明亮，十分吸引人。令人感到奇怪的是，擅长书法和绘画的中国人一般都不擅长刻字。中国人只擅长木雕，而在铜及其他金属上的雕刻在某种意义上是一种创新。

中国印刷用的纸张都很薄，只能承受单面印刷，这一点我们会在后文解释。把这些书页装订在一起制作成书时，它们会被折成双层，折痕在外面，从边缘处把书缝起来。因此中国的书是从书脊处裁切的，而我们则是从书页边缘裁切的。书脊以丝带固定，或者用搓成绳子的纸固定，看起来像欧洲的精装书的装订线一样。

如果一部书有很多卷，每一卷甚至每一本都会用彩色的纸包装起来，全部放在纸板盒里，称为一套。

关于中国图书的装订方式有一则故事：一个叫彭祖的人，活了800多岁，先后娶了72个妻子。他的第72个妻子死后来到冥界，询问彭祖的祖先，为什么她的丈夫能活这么久。她补充道："是不是他的名字没有被写在阎王爷的生死簿上？不是没有人能逃得过吗？""我把这个秘密告诉你，"彭祖的爷爷说道，"我孙子，也就是你丈夫的名字和姓氏都在生死簿里写着，但是书页装订的时候，负责制书的官员误把写有彭祖命运的那一页揉搓成了装订线，用它缝制成了生死簿。"他的妻子没能保守秘密，这个故事传到了阎王的耳朵里。阎王拿过生死簿，检查了它的装订线，抹去了彭祖的名字，彭祖的生命便在那个时刻结束了。

除了欧洲以外，没有哪个国家能像中国这样出版如此多的书。这些书包含各种

流动书贩

主题：农业、军事、人文、技术、历史、哲学、天文学等。中国人也有自己的悲剧、喜剧和传奇（其中大部分类似于我们古老的骑士传奇），它们语言优美，主题多样。文人们对于文学创作有着高超的能力和品位。僧人也有敬神的书籍和传说，他们尽力地传播，希望更多人信仰佛教，以获得更多的布施。

周、汉、唐、宋、明等朝代是中国文学的辉煌时期。梁代的时候，皇家藏书达到了 37 万册。中国也有他们的普林尼、林奈、拉塞佩德、朱西厄和布丰。[1] 他们有大量的植物志，大约 260 册。我们的作家无疑可以从中获得新发现。

中国人最尊崇“五经”，认为其神圣无比。在经典著作中被提及的作者里，孔子是最著名的。中国人把他视为圣人、先师、伟大的立法者，以及向皇帝传达神谕的使者。他们不断地学习这位哲学家留下的准则和箴言。这些准则和箴言被记录在 12 本书里，被中国人视为圣明统治的源泉和指导思想。

这些珍贵古老的文献由于秦始皇的命令一度危在旦夕。大约在孔子死后 300 年，即公元前 200 年 [2] 时，秦始皇因其英勇闻名于世，建造了保卫国家防止外敌入侵的长城后更是声望大振。他决心压制思想，只允许一部分他认为有用的书——有关农业和医学等方面的书——流传下去。他下令把其他的书全部焚毁，违抗者处以死刑。他的此项行为极不人道，很多学者因此丢掉了性命。与前代对比不能满足秦始皇的虚荣心，他想抹去前人的荣耀，决心毁掉有关他们的所有记载，使后人只能谈论他。

由于五经及孔子的书里，那些明君的贤德被一再讲述，秦始皇禁止将这些书籍传给后代。他很快就为这种残暴的命令找了一个看起来正当合法的借口。他说这些书适用于国家分裂为几个独立政权的情况下，但是如今这些政权已经统一成一个国家了，应该用统一的精神统治国家。他还补充，学习这些思想只能使人懒惰，忽视农业，而农业才是人民幸福的根本。

简言之，在他看来，这些书中包含反叛的内容。那些不断学习这些内容的人，会把自己视为这个国家的改革者。这是对卢梭的著名文章《论艺术和科学》的最佳阐释。

焚书的法令一经施行，就遭到了强烈的反抗。秦始皇也许已经意识到这条法令的施行是不可能的，他对周边一些独立政权的影响力非常小。此外，他怎么能把传播如此广泛的书都收集起来呢？因此大量的书被保存了下来，秦始皇并没有得到他想要的结果，而是被后人咒骂。

---

[1] 均为西方著名的植物学家。——译者注

[2] 秦始皇于公元前 213 年和公元前 212 年焚毁书籍，坑杀“犯禁者四百六十余人”。——译者注

当下的中国人为丢失了如此多的历史古籍而感到遗憾。也许中国早期历史的不确定性就与此有关，为了弥补这一缺憾，就产生了一些捏造的记载。就像为了弥补库尔提乌斯、塔西佗及其他许多作家遗失的作品一样，我们现代人也犯了很多错误。

五经列举如下：

第一部是《尚书》，主要记录了不同朝代的年鉴，最早的统治建立于公元前2000年左右。

第二部是《诗经》，收集了诗、赋及箴言。

第三部是《易经》，包含了著名的伏羲卦文，这被称为中国汉字的雏形。

第四部是《春秋》，记录了鲁国境内四个王朝的历史，其中大部分是孔子写的。

第五部是《礼记》，这是一本有关礼仪规范和道德准则的专著。

中国文人认为《周易》的文字是最纯粹的，将其完整地流传了下来。据说这本书之所以在焚书中逃过一劫，是因为它比较难懂，危害较小。它并没有被当作凡人的著作，而是被看作神作。伏羲声称在湖里升起的龙龟[1]背上看到了八卦图案。后来，著名的龙就成为了中国的图腾，用来装饰皇帝或重要人物的衣服。但是这些龙有着细微的区别，只有皇帝的衣服上是五爪龙，除非他赠予别人一块皇家丝绸并授予其穿着的权利，否则其他人的衣服上都只是四爪龙。

简而言之，中国人十分尊崇《易经》这本书，他们声称这本书包含所有可见与不可见的知识。学习其他任何的书而不学习《易经》都被认为是舍本逐末。

中国的语言是单音节的，欧洲人能辨识出的音节不超过350种。但中国人经过儿童时期的练习，可以调节嗓音，使一个单音节有5到6种不同的发音。因此他们可以发出1200到1300种基本的单词的音来，每个词有各自独特的意义，足以用来表达他们的任何想法。

为了说明语调的细微变化，我举一个读者们非常熟悉的例子。Totus和Totalitas两个单词中，字母o都是长元音，但是这两个单词中第一个音节的发音准确来说是不一样的。在Totus里，发To音的时候嘴巴微张，而在Totalitas里，这个音节则要稍微短一些，正如英语单词Total和Totality一样。

然而，在汉语单音节中，这种发音的差别却具有不同的含义：如词语Tchou，如果这个音节发音较长，就是“主”；如果元音发音较长，保持同样的音调，则是“猪”；如果元音发音较短，则是“厨”。词语Po有11种不同的含义，取决于音调和重音：它表示玻（璃）、波、簸、博、备、婆、破、坡、泼、仆等。而其他的语言虽然有

[1] 也称金鳌，龙之一种。头尾似龙，身似龟，背负河图洛书。——译者注

类似发音，意义却相对较少。

中国人也意识到，发音相近的词语会引起混淆，于是通过语法来避免表达中可能存在的歧义，而且他们的语法很简单。动词，大部分是不定式，一般位于表示时态或人称的单词之前或之后，句法也不复杂。虽然相反的观点仍然存在，而且非常流行，但是中文的语法规则却使安文思[1]神父得出这样的结论：“在我看来，中国的语言相比希腊语、拉丁语及其他的欧洲语言来说要更容易掌握；至少，不能否认的是，相比其他要传教的国家的语言来说，它要容易得多。”

中国的官方语言起初是江苏省的方言，其省会是南京。后来它逐渐传播开来，最终在全国各地普及。

[1] 葡萄牙籍传教士，1648年抵达北京，并在中国生活了29年，著有《中国新史》。该书是西方早期汉学奠基作之一。——译者注

一位用毛笔写字的清朝人

这一部分仅仅介绍中国和欧洲不同的书写方式。中国人使用的纸张和墨将在下文单独介绍。

中国人用毛笔写字，而这些毛笔有不同的尺寸。笔头用兔毛[1]做成，笔杆由竹子制成，就像我们的铅笔或封蜡一般，笔杆上会标有制作者的名字和地址，写在上面的一个小标签上。

中国人写字的时候，会用大拇指、食指和中指垂直握笔，笔杆贴在无名指的第二个关节上，小指则贴近无名指。手腕用力，手指控制毛笔的方向。这个动作并不简单，需要长久的练习。

中国人写字的顺序是从上到下，从右到左，因此当他们继续写字的时候，手会遮挡住之前写过的内容，如果要阅读刚才写的文字，需要把手移开。这并不像想象中那么难，因为墨水干得很快。所有的东方国家都是按照从右向左的顺序书写，并不像欧洲人那样是从左向右。只有中国人和日本人是竖向写字，而不是横向。古希腊人写字则是交替地从右向左，再从左向右，像马犁地的时候从这条犁沟出发再从另一条犁沟返回那样。他们将这种书写方式称为交错书写法（Boustrophedon）。

中国人认为，写得一手好字是一项重要的才能。字应该小而精，排列得当，并要选择合适的字体，特别是写给官吏的申请书，同一篇文章不能重复使用相同的标记。写给皇帝的文字需要更加谨慎，因为有些词只能用在给皇帝的致辞中。马戛尔尼伯爵的翻译们找不到可以翻译官方档案的文人，于是只能向传教士求助。目前得到的官方档案的翻译底稿，是由小斯当东先生完成的。很少有中国人能写纪念碑上的文字，因为即便是一个小小的失误，甚至一个不起眼的错字，都有可能被否定。

毛笔比我们的钢笔更易存墨，而且墨水用得比较慢。有些中国人写字非常迅速，令人难以置信，只有那些亲眼见过速记员熟练记录的人才能相信。尽管毛笔相当普遍，但满族人还是发明了一种新的笔。这种笔和欧洲的钢笔形状相似，接近古代的芦管笔，是由一种特殊的埃及芦苇制成的。中国的纸张几乎都不加明矾，非常薄，因而更适合毛笔而不是钢笔。如果想要用钢笔在中国的纸上书写，或者绘制花草、树木和山水，必须先用水打湿纸张，再用明矾浸染一下，这样才能防止墨水洇开。

约翰 · 巴罗先生说，由于满文以字母表为基础，而不是难记的词汇表，因而最

[1] 毛笔初用兔毛制作，后亦用羊、鼬、黄鼠狼、鸡、鼠等动物毛。——译者注

终会比汉语更流行。满文有这样一个特点：即使颠倒过来也一样能读懂。

中国最初的文字与描绘事物的图画差不多，这一点基本上毋庸置疑。这种方式适合描述可见的事物，例如一棵树、一只鸟或者一座房子，但在表达抽象的想法时就不太适用了。因此需要创造一些符号，它们的形态是任意的，与被描述的想法之间没有直接的关联。

汉字笔画由六种或曲或直的符号构成，它们三三两两组合，形成了各式各样的文字。所有的字符组合方式分为六种，称为“六书”。为了更好地说明这些划分方式，我们以六书中的第四类汉字为例，这类汉字包含表示动物和蔬菜的字，字符的编排方式与顺序、属性和种类有关，就像林奈体系一样。比如要给鸭子命名，第一个字符用来指有翅膀的鸟，第二个字符用来指水禽等。

其他的种类相似。关键的字符用来指这个字的种类。例如，所有跟火有关的字中都有“火”。文字“灾”意味着不幸，由符号“宀”（房子）和“火”组成，因为没有什么比房子着火更不幸的了。“煌”是光辉或者显赫的意思，包含“皇”——意思是伟大的帝王，以及“火”，因为没有什么比伟大的帝王更显赫、更宏伟的了。表示陡峭大山的汉字由“山”和代表阶梯的符号组成，因为要登上一座陡峭的山需要台阶或者梯子。这也就是为什么汉字会按照一个、两个、三个或更多的偏旁部首来分类。每个汉字都有它特定的含义和发音，与组成它的符号无关，前面说的“灾”就是例子。

汉语的书面语优于口语，因为书面语在全国范围内是统一的，而不同省份口语的发音各不相同。约翰·巴罗先生说，陪伴英国使团的官员只有通过翻译才能与南方的海员交流沟通。全国各地的学堂使用的书面语都一样，但是每个汉字的发音却不同。在英国，各个郡的方言对于其他郡的人来说很难理解。书面语并不见得更容易理解，因为发音不好的人一般拼写也不好。

中国人写不好也说不好欧洲的语言。一方面，他们的字符虽然看起来数量很多，但是固定的音节大概只有三四百个，他们发不出其他的音节；另一方面，他们的词汇表里没有 B、D、R、X 和 Z。

克洛德·西卡尔（Claude Sicard）神父说，他曾在巴黎的一艘英国船舶甲板上看到一个年轻的中国人，他的聋哑学生可以通过手势与这个年轻人交流。这个年轻人曾经成功地发出了 B 的音，但是从来都说不出 rah，经常会说成 lah，还带着很重的口音。用欧洲字符来拼写中国汉字很难。我们不得不使用一些特殊名词，但用字母远不能表达出正确的发音，因为每个国家都会采用自己的拼写法。

一位用毛笔写字的清朝人

用竹子造纸

在这个帝国的早期，中国人还不会造纸。他们用刀刻或针刺的方式，在木板或竹片上写字，而不是用钢笔和铅笔。他们甚至在金属上写字，那些古老的金属盘子上的字符至今依然清晰可见。

然而，在中国人发明造纸术很久之后，纸才传到欧洲。一些欧洲人赞美纸的平滑，把它当作丝绸，但是他们没有意识到丝绸是不能变成纸浆的。使用一些动物材料，如羊毛、蚕丝、兔子和海狸的皮毛，能够制作出一种和纸的质量差不多、类似毛毡的东西，但是与真正的纸不同，在这种材质上写字墨水会乱流。

中国人用竹子的第二层皮和其他植物来造纸。这种纸十分细腻，但很容易腐烂和生虫。为了更好地保存，书籍要经常拿出来拍打，并放在阳光下曝晒。除了用植物的皮造纸，中国还用棉花造纸。这种纸最白、最细腻，同时也是最常用的。它没有前一种纸张的缺点，可以像欧洲的纸张那样保存。

中国纸张有一个优点，整体很白，而且可以制作得很长，并且相当柔软均匀。杜赫德提到，一位中国文人说纸张的长度可以达到 30 至 50 英尺。直到长网造纸机发明后，现代人才能制造出这么长的纸，使纸张的尺寸不再受限制。

由于中国人对于纸张的消耗巨大，任何材料都可以拿来造纸也就不足为奇了。纸张除了用来写字和画画，还可以用来糊窗户。墙壁和天花板也都用白色、纯色或各种各样花纹的纸覆盖。事实上，即使最华丽的房间也会用纸来装饰，并且每年都会更换新纸。

中国的印刷术

欧洲的活字印刷术发明于 15 世纪中叶，此时，距离希腊和罗马辉煌的文学时代已经过去了很久。而中国的印刷术很早之前就已经发明了，其源头甚至可以追溯至大约公元前 50 年。

他们的印刷术是雕版印刷，即在一块木板上雕刻，一般用于需要大量印刷的著作。书法家将原稿抄在一种透明的纸上，雕刻师把这些薄纸片放在木板上，刻去文字笔画之外的部分。木板由苹果、梨或其他硬质树木制成。

当有法令和公告急需发布的时候，这些字会被刻在一块黄蜡上。可以想象，这种雕刻在木板上的文字，一旦有所修改，很容易就能被发现。词语或汉字一旦被精确地刻上，出现错词、重复、漏字或是前后颠倒的情况就很难修改了。如果出现了任何失误，或是有需要修改的地方，这些不完美的地方会被用刀切下来，然后用另一块木板补在这个位置上。

中国的印刷术

这种印刷方式在欧洲估计是行不通的。铅版印刷不仅拥有它的所有优点，而且操作技术也更加完善。中国式印刷是这样进行的：把刻板固定平整之后，用蘸过墨水的刷子刷；在刻板上面盖一张纸，用另一支柔软的长方形刷子再在纸上刷，这样就能让字符在纸张上显示出来。

印刷用的墨是将煤烟浸泡在白兰地酒[1]中，然后混合某种液体胶制成的。每一本印制的著作不仅有书名，还有作者的印章。印章通常是用玛瑙、珊瑚、碧玉或透明石英制成的，印痕是一种红油色。印章上的文字都是古体字，包括名字、感想或图案。

中国没有用来发表新作品的文学类报纸。报纸很少刊载除了星相之外的任何事情，某些文章只谈论政治事件。传教士称，在《京报》[2]上发表不符合事实的言论会立即招来杀身之祸。然而，约翰·巴罗先生注意到，皇家报纸时常会夸大军事战果，有时会宣称并没有取得的胜利。因而传教士说得不太准确，应该是，如果报纸的作者主动添加一些政府没有让他们报道的内容，那么他们会受到责罚。

关于之前论述的中国图书装订，这里再补充说明一点。和我们的方式相比最大的不同，是每一页主要的边缘是上方而不是下方。栏外标题位于左页的左侧外缘，用中国的书写方式由上到下书写。页码在同一页的页边下方的位置，大概在四分之三处以下。页码下方有一条垂直于页边的黑色横线，从每一页的正面连接到下一页的反面。在中国的书籍里，这些线正如欧洲书籍书页中间的两个小孔一样，在印刷时可以确保页面是对齐的。这就是中国书籍的每一页上都有一道连到页边的黑线的原因。

---

[1] 应是中国的烧酒。——译者注。

[2]《京报》在明朝已出现，当时实际上是《邸报》的别称。直到乾隆二十一年（1756年）《京报》才可以公开传抄，之前一直是官员专享。——译者注。

造纸工序第一步

从竹林里选择当年的幼苗，其粗细程度跟成年人的腿差不多。剥掉最外面一层绿色的竹皮后，劈成四瓣，然后分成六七英尺长的窄条。需要注意的是，竹子的纤维又长又直，很容易从上到下竖着劈开，但是横切就非常困难，因为它是像草本植物那样长出，而不是像木本植物那样从树干中分层抽枝。

把这些竹片放在一个木板上用力敲打，使它们变薄，然后将这些竹片放进一个混浊的池塘里浸泡两个星期。这一工序是为了将竹子紧密坚韧的部分溶解掉。在这之后，它们经过第二次淘洗，被制成碎片，然后放在太阳下晒干并漂白。

做这些准备工作时，作坊的另一边已经准备好了混合着竹浆的造纸原料。造纸用的一种胶是从杨桃藤里提炼出来的。这是一种长于山中、含有黏性物质的藤本植物。人们砍下它的一些茎干，放在水里浸泡三四天，便会生出一种油状的、黏性的液体，这种液体就是胶。这种胶必不可少，可以让纸浆变得黏稠。正如后面插图展现的，这种胶掺在淀粉或者用杵捣碎的大米里。

造纸工序第一步：选取合适的竹子，竖劈、敲打、浸泡

造纸工序第二步

竹子被制成碎片，放在太阳下晒干和漂白之后，会被堆放在研钵里，用沸水的蒸汽熏。一个男人用力地捶打它们，或者用杵把它们捣碎。

无论是用竹子还是用其他植物来造纸，工序基本相同。最适宜造纸的是那些有汁液的草木，如桑树、榆树、棉花的茎干和大麻，还有一些在欧洲叫不上名字的树，如构树，这是一种野生的桑科植物。

树皮绿色的表面被轻轻刮掉，第二层皮被分成细长条，放进沸水里煮，然后在太阳下漂白。（拉丁语里的 liber 及法语里的 livre，表达的意思都是书本，都衍生于 liber，即古人用于造纸的第二层皮。）

与造纸的方式相同，中国人也从稻草和荨麻杆等植物中提炼墨——许多老人和孩子以此为生。中国的墨是用煤烟和植物的混合物做成的，不像我们的墨水那样持久。我们的墨水由于加入了金属，不会完全消失，而是变成一种铁锈般的颜色。

薄布料纸用一片片的旧棉花做成，其制作方式和欧洲的造纸工序差不多。

中国的旧纸张再利用方式非常奇特。工匠们住在北京附近的村子里，把一张张旧纸放到巨大、扁平、密实的篮子上，然后把它们放进水里，手脚并用地搓洗干净，去掉所有污渍，之后弄成一大块，放进大锅里煮沸，形成一张张中等大小的薄纸。英国人也曾尝试重新利用废纸，但是没有成功。

造纸工序第二步：捣碎

造纸工序第三步

竹子在沸水的蒸汽中熏蒸变柔软后，再次放进研钵捣碎，然后在炉火上把这些纸浆煮沸，放进几个篮子里。

捞纸浆用的框子是用一种丝滑的竹线制成的，并不像欧洲那样是用铁丝或是铜丝。这些竹线从铁丝圈中穿过，形成大小不同的洞，像铁丝那样柔滑而结实。不过必须先小心翼翼地把它们浸泡在沸油里，这样一来这些框子的表面才能不沾水，从而可以进入足够深的水下取出一张张的薄纸。

框子还要控干几秒，直到沉淀出一张干净的、没有裂缝的纸。在我们欧洲的造纸厂，造纸工人会挤压纸张，把其中的水分挤压出来，然后挂在绳子上晾干。这道工序需要有很大的房间。法国奥弗涅就有一个长 144 英尺、宽 36 英尺，并且有许多窗户的大房间。而中国采用一种更为迅速、不需要这么大空间的方法。他们把纸张放在架子上，利用火炉的高温烘干。当制作超过普通尺寸的纸时，水池和框子也要相应地加大。这时会用绳索和滑轮来控制框架上下移动。

这些大的纸张不仅可以用来装饰房间，还可以制作帖子。欧洲的帖子都是一些小卡片，而中国的帖子会根据发帖人或收帖人的等级而采用相应的尺寸。皇帝送给贵族和外国使者的帖子象征着荣誉，用的是玫瑰色的纸。帖子中间写着寓意幸福的“福”字——汉字中最复杂的字符之一，其中包含着田地、房屋和孩童等寓意，完美地表达了中国人所追求的真实而又可靠的幸福。

中国生产的纸有两百多种。写字用纸在制作中会添加明矾。银纸并不是用银做成的纸，而是用滑石粉制成的。为了制作这种银纸，他们从四川省运来了滑石。这种石头切下来的薄片看起来像透明云朵，因而也被称为云母石。滑石粉需要被加工成细腻的粉末，才能涂抹在纸张上。

造纸工序第三步：煮沸纸浆，控干，沉淀成纸

用陶轮制作瓷器

当欧洲瓷器，更确切地说，是普通的上釉的陶器还没有出现的时候，中国就已经开始生产精美的瓷器了，而且至今一直未被超越。

欧洲的陶器最早出现于意大利，然而朱利奥·罗马诺[1]甚至是拉斐尔本人都没有想到用他们高雅的、独特的艺术品位来装饰陶器。这门艺术在法国日益完善，随即在英国达到令人难以置信的高度。它的飞速进步得益于博学的伯纳德·帕里斯（Bernard Palissy）。他是法国亨利三世的制陶师，也是一位在玻璃上作画的著名艺术家。在与中国的交流中，其华美的工艺品是最先被人们熟知的。很多人想仿制，但它的原料始终是个谜。

关于原料的荒谬故事有上千种：有人说它是由公鸡的蛋制成的，也有人说是用埋在地下二三十年，甚至上百年的鱼鳞制成的。中国的陶器制造从远古时代就已经开始了，我们无法确定它的起源。有一个叫作童宾的人被尊崇为陶瓷工匠的保护神，陶瓷作坊里都会有一尊他的雕像。

曾经有一位年老的皇帝命童宾制造几件瓷器，但它们的烧炼难度非常大，可怜的童宾没能完成。他带着绝望跳进了火炉里，瞬间就被火焰吞没了。然而，这座火炉却烧制出了符合皇帝要求的美丽瓷器。这件事很不可思议。最终这个可怜的工匠成为了这个行业的保护神。

中国人并不知道“porcelain”（瓷器）这个单词，甚至不会发这个音。这个词应该来源于葡萄牙人，他们把杯子或碟子称为“pocellana”——源自拉丁语中意为小杯子的“pcillum”，然而葡萄牙人称中国的瓷器为“loca”。

瓷器在中国很普遍，尽管普通的陶器也很多，人们还是会选用高贵的瓷器来做日常餐具，很多华丽的屋顶也用瓷器来装饰。有的时候，柱子和墙壁也会用瓷器来装饰。南京曾经是中国的首都，在它附近有一座颇受赞誉的瓷塔。瓷塔一共有 8 个面，每个面都有 15 英尺宽，整个塔高 200 英尺，分为 9 层。最上乘的瓷器洁白如雪，一般产自福建或者景德镇。最常见的图案是白底蓝花。那些运往广州卖给外国人的瓷器都是白色的，之后会根据购买者的喜好画上图案。

瓷器的原料一般分为白墩子和高岭土。白墩子有黏性，摸起来很舒服，混合着石英或者水晶、云母。高岭土是易熔的，也混合着云母和石英。白墩子和高岭土，

---

[1] Giulio Romano（1499-1546），意大利画家、建筑师，师从拉斐尔。——译者注

用陶轮制造陶器

特别是高岭土，可以在采石场的整块岩石中找到。人们用铁锤把这些石块砸碎，然后放进研钵里捣成细腻的粉末。

把这些粉末撒进一个大水罐里，用铁铲搅拌均匀，静置一会儿，会有一种乳脂浮在表面，大约四五指那么厚。撇去乳脂，倒进另一个大水罐搅拌，再次浮出乳脂，然后撇去，直到水底只剩下一些大颗粒，再把这些颗粒拿出来重新磨成粉末。

放在一边的乳脂需要在一个大模具里晾干，最后形成一块块的白墩子，当作商品售卖。制作瓷器的时候，成块的白墩子必须再次磨成粉末，并调成浆糊状。这些浆糊的用途无论在中国的工厂还是在我们的工厂都是一样的，就是放在陶轮上做成坯子，正如上页插图所示。

一根铁轴垂直固定在一块可以不断旋转的石头上，并与一条长凳连接。铁轴的顶端有一个厚约 1 英寸、直径为七八英寸的木轮子。另一个类似的木轮子，大约三四英寸宽，被水平放在石头上。坐在长条凳上的工人用脚不停地踩动，上面的木轮随之不停地转动。

这是欧洲制作陶器的方式，但在中国，这个大轮子并不是由制作模型的工人来踩动，而是由另一个人来完成。这个人站着抓住绳子的一头，绳子的另一头固定在横梁上，两脚交替运动来转动轮子。

所有圆形的器具都是在那个较小的木轮上制作而成的。这些浆糊飞快地旋转着，在塑造者的手中变成杯子和大口水壶等。但那些不是圆形的物品，如椭圆的或者方形的器具，还有动物像、神像和欧洲人订购的半身像等，都是在模型中浇注而成的。花纹或者其他修饰性浮雕都是后加的，或者事先用模具做好，或者用少量液体浆糊把小片粘上去。

作品完成并打磨好之后，要放在阴凉处晾干，然后放进火炉里烧制一段时间。火要很大，这样才能上釉。在我们的工厂中，瓷器经过这第一道工序之后会形成陶瓷素烧坯，看上去像是被烧制了两次，而实际上仅在火炉里烧制了一遍。

这些陶瓷素烧坯是白色的，没有光泽。为了使它们变得明亮，甚至带有永久的光泽，从火炉里取出之后，要立即把它们泡进石英砂和石英水中，像是给它们穿上一件外套。然后放进火中再次烧制，让“外套”釉化，这些烧制成的浆糊最终就变成半透明的了。用金色或其他彩色颜料在白色的瓷器上作画，然后将它放入火炉，进行第三次烧制。这次的火不需要像之前那么强烈，以防颜色脱落或变色。

在最后这一道工序上，巴黎塞夫勒和英国的工厂能设计出朴实无华和色彩明丽的瓷器绘画，如同艺术大师在画布上创作的油画一般。它们甚至超越了大师们的油画，因为它们的色彩不会改变，据说能永远保持。

近些年，在瓷器上作画的技术几近完美。创作这些画不再耗时又费力，其价格

烘烤、晾干瓷器

也没那么昂贵了。这些画可以是黑色或者彩色的，就像版画那样。制作陶器的准备工作不那么复杂，作画的工艺也变得简单多了。至少在法国，6 至 8 便士就可以买到画有风景、古迹和人物的精美陶盘。如果在以前，这种盘子的价钱会很高。

很遗憾，我们已经丢失了（最近又恢复了一点）流行于 15 世纪的在玻璃上作画的工艺。同样的，中国也丢失了某些古代瓷器的制作工艺。这些秘密已经跟随它们的保管者长眠于地下。那些古代工匠在陶器上画的鱼或者其他动物，只有当花瓶装满液体时才能看见。

另一方面，对中国和日本古老瓷器的偏爱往往是荒谬的。中国人有时会利用欧洲商人的狂热，仿制古代瓷器。他们把瓷器埋在最脏的泥土里一个月左右，这样瓷器的外面就会形成很多侵蚀的痕迹，有时看起来像有三四百年的历史。

在与欧洲人的交易中，中国人的这种欺骗行为非常常见。比如，仆人会把用过的茶叶从茶壶里挑出来晒干，再卖给茶商，混进茶包，运往广东。成箱的火腿经常混有涂得像火腿一样的木条。尽管胡椒已经很便宜了，还是会掺假。这些伪造的胡椒是用浆糊做成的，外面裹着一层胡椒粉。他们几乎在所有的贸易商品中都会采用欺骗的方式。

在瓷器上作画

采茶的猴子

在英国，瓷器最初传入的时候被称为china，或者叫中国陶器，好像瓷器是中国最好的工艺品。它们最初传入欧洲时，对于那些为瓷器命名的人来说可能的确如此。然而，茶叶也是一种不次于瓷器的重要产品，尽管很长时间里并不为欧洲人所知，直到17世纪早期才由荷兰人进口。

很难想象在那个时期，中国人会拿一种欧洲植物泡水，来代替他们最喜欢的饮品。荷兰人用这种小鼠尾草来换取茶叶。它非常有名，味道芳香，煎煮后成为可口的饮品。然而，对于荷兰投机者来说不幸的是，这种来自广州的风气没有持续太久，也没有发展到中国其他地区。

茶树仅生长在中国的某些省份，世界上其他国家都没有发现茶树。有的国家曾经尝试引种茶树，甚至引入了印度，但是似乎最终都没有成功。茶树生长在最热的地区。在中国，它不是一种奢侈品，而是一种必需品。中国人喝茶时不需要加糖或奶，虽然这样做能够提升茶水的口感。人们吃的食物普遍都比较难消化，他们需要喝茶来促进消化。

朱西厄将茶树归为锦葵属植物[1]。它开如玫瑰一样的花，六或九瓣花瓣，第三瓣比较小。果实是一个豆荚，非常像旱金莲，但是似乎没什么用处。它的叶子应该是唯一值得采摘的部分。

表示“茶”的单词tea并不是欧洲人的发明——在某些地区这种植物的名字就是这么发音的。中国有四大名茶——龙井茶、武夷茶、普洱茶、六安瓜片。欧洲人特别喜爱第一种茶，他们称之为绿茶，其他几种都属于红茶。[2]

不同的地域种茶的方式不一样。在江南，他们会把茶树的高度限制在6至7英尺以内，而其他地方的茶树可以长到10至12英尺。茶树本可以长得更高，但是人们会像培育玫瑰灌木丛那样，剪掉茶树上部的枝杈。

这种植物一般在3月播种，幼苗之间相隔3至4英尺。到第三年年末就可以采摘茶叶了。但必须注意的是，每隔5至6年就要重新种植，否则叶子会变得又硬又苦。茶叶要在早春、仲春和晚春进行采摘。茶叶到了秋天或者第二次发的芽就没那么可口了，但是产量会比较大。茶叶的颜色取决于采摘的时间。早春的时候是一种

---

[1] 茶树为山茶科山茶属。——译者注

[2] 作者此处表述有误。龙井茶、六安瓜片同为绿茶，武夷茶为乌龙茶，普洱茶为黑茶。——译者注

训练猴子爬到高处采摘茶叶

明亮的绿色，之后就会变成暗绿色，最后会变成接近黑色的墨绿色。

嫩茶应该在太阳升起之前带着露水的时候采摘，一摘下来就放进蒸汽盒中，然后在铁盘或者瓦片上卷起来，放在太阳下晒干。最好的茶叶是由女工用手揉搓起来的，这种茶叶叫作手搓茶。

有时茶叶里会掺杂多种多样的佐料，这是为了增重和掺假，而不是为了提升质量。比如掺入莲花或者茶梅，它们的花跟茶叶很像。晒干的茶叶被放进铅皮包裹的密封箱子里。中国的农民光着脚踩茶，就像法国压酒工人在酿酒时经常做的那样。

进贡给皇帝的茶叫作毛茶，是用武夷茶的新鲜嫩叶做成的。这不是一种商品，皇帝会把它当作礼物赐给重要的大臣。茶叶通过他们又转送给其他人，甚至传到了欧洲。

相比于地势低、气候湿润的地区，海拔高、气候干燥的地方更适合培育茶树，但这样一来使得茶叶很难采摘，特别是最好的品种。茶树生长的地方有时候是人迹罕至的陡峭之地。在陡峭的山上，人们很难保持平衡，不慎滑倒就有可能受重伤，而且会晃动或拉倒小茶树苗。

正如上页插图所示，人们为了在这些地方采集茶叶而采取了一种权宜之计——训练猴子爬到高处采摘。原图来自传教士。这些叶子或是自己卷起来，或是被风吹卷，茶园的主人会从山顶一直采摘到较低的地方。

显然，这些“助手”不太容易找到。人们无法完全控制这些采茶的猴子。茶果对它们而言并没有吸引力，事实上即使有吸引力，它们也只能在秋天的采摘中发挥作用。茶果不仅苦，还有腐蚀性。猴子需要经过有能力的驯养员训练才会听从指挥。它们顺着绳索攀爬到山上采茶再下来之后，会得到一些它们特别喜爱的东西作为回报。

人们善于利用动物的本能和勤勉。我们训练猎鹰和狗，印度甚至训练美洲豹来捕猎。在随后的内容中，你将会看到中国人利用鸬鹚的贪婪，在很深的湖或河里抓鱼，因为在这些地方鱼钩和渔网都发挥不了作用。

英国人和中国人喝茶的原因并不一样。相对于茶，咖啡和烈酒其实更能促进消化，但是中国人依然热衷于喝茶，不是因为它有药学价值，而是把它当作一顿简单的餐饭，各色人等可以饶有兴致地聚在一起饮茶。内科医生认为，这种饮料的出现减少了皮肤病的传染。

每年进口到英国的茶叶数量非常惊人。一个世纪以前，其一年的进口总量不到50磅；1777年达到了600万磅；1795年将近2800万磅。事实上，英国人购买这么多茶叶不全是为了自己饮用，还出口到其他国家。

钱德明神父的回忆录证明了一个疑问，这个疑问来自马戛尔尼伯爵的记录：运到欧洲的茶多了一种明显的香味，重量也增加了，这在中国却未曾出现。然而，在布尔多和马德拉酒中几乎存在同样的现象——经过一段长长的航程之后，它们的重量增加了很多。

茶叶在生长的地区很珍贵，在北京它的价格更是高得离谱。在广州，卖给英国东印度公司的价钱大约在每磅 8 便士，上等货的价格是每磅不到 3 先令。有很多小客栈卖茶，那里的下层民众可以用两文钱买到一杯劣质的茶水。中国人在一天的任何时候都可以用茶水来招待客人。茶水盛在带盖的瓷杯里，要趁热喝。正如前文所述，中国人喝茶时不加奶也不加糖。

他们把普洱茶卷成小球状，这种茶因为产自云南省一个叫普洱[1]的小村庄而得名。冲泡之前要先将这些小球敲成碎末。这种茶的味道不是很好，但是却有很高的药用价值。

在北京和中国其他大城市的街巷里有很多流动茶贩。他们把冲泡好的茶一杯一杯地进行售卖，价钱很低。几乎不用仔细看就可以知道，这些茶的质量一般，与它们低廉的价格相符。

传教士说，他们还有一种将茶叶制作成球状的奇怪方法。有些中国人会从活马身上取血，大量存储起来，然后加在茶叶里。记录这一过程的图画由于没有相应的文字，因而没有被展示出来。

[1] 现为云南省的一个地级市。——译者注

墨的制作

如果中国人没有发现适合写在纸上的墨的话，纸的发明可能就没有那么重要了。

中国的墨是用松木烧过的炭灰、猪油和石油制成的，有一种混合的味道，特别是有一种麝香的香味。把这些东西再和驴皮制成的胶混合，制成糊状，然后放进不同大小的木质模具里，做成人们想要的形状，如人、龙、鸟、树、花等。最常见的是制成方形或长方形的条块，上面还刻有汉字。

最好的墨产自南京，但是其他地方的制造商会伪造他们的标志，就像我们的制造商会把自己做的墨假冒成中国制造的墨一样。据说陈墨也是一种药物，用于治疗胃部消化不良或者咯血等，其实这一疗效完全归功于其中掺杂的驴胶。

中国人写字的时候会使用砚台，砚台的一角可以盛水。他们把一截墨蘸上水，根据他们需要的墨色深浅，或轻或重地研磨。砚台、毛笔、纸和墨被称作“文房四宝”。我们的学生和文员，甚至文人的墨水瓶一般都很脏。看到中国文人将文房四宝保持得那么干净整洁，他们也许会羞愧得脸红。

墨的制作

捻丝

本书第四卷将会详细介绍中国人养蚕的方式，以及这种勤劳的昆虫产丝的过程。

插图里的人正在捻丝。与欧洲的方式不同，他们的器具不是水平的，而是垂直的。丝线缠绕在一个去掉顶尖的圆锥体上。女人们灵巧地把线缠绕在一块弯曲的瓦片上，然后把瓦片放在她们的膝盖上，凸面朝上。

对中国人而言，捻丝的工作适合不太强壮的人，无论男女老少都可以胜任。老年人通过这种工作，可以回报年轻力壮的其他家庭成员对他们的照顾。丝线也可以用来装订书籍，用其制成的丝制品还能用来勒死被判死刑的罪犯。

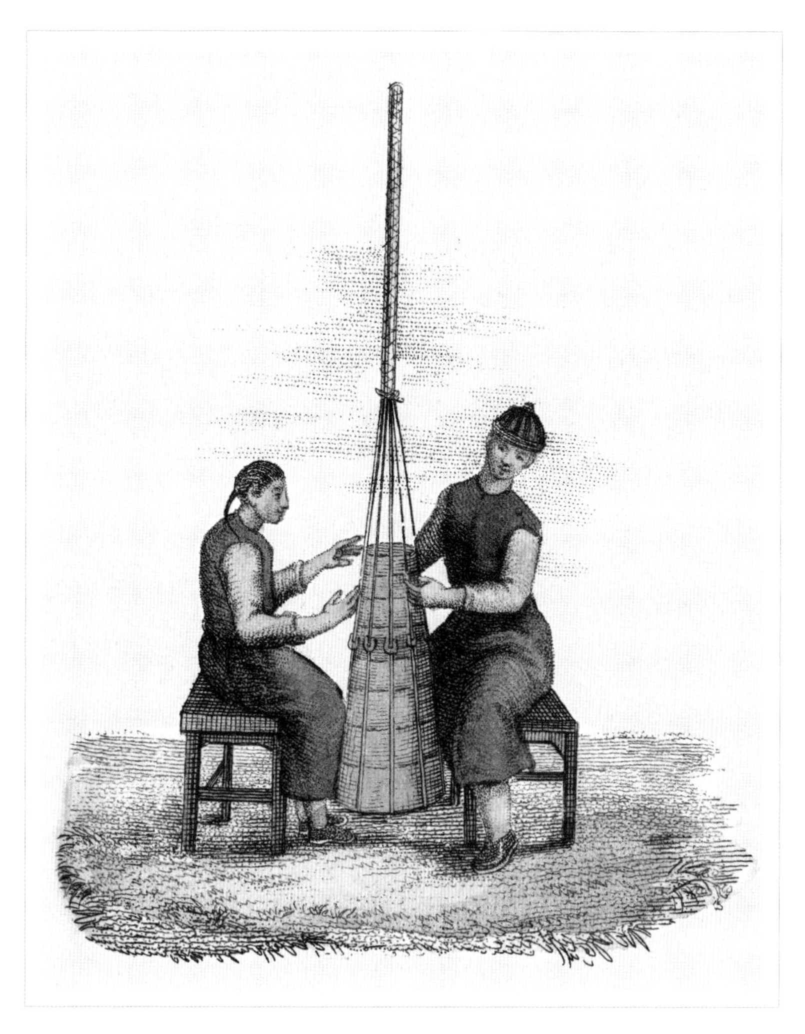

用垂直的圆锥体捻丝的中国妇女

刺绣

刺绣用的架子是竹质的，和欧洲的非常相似。但刺绣的女人们不是坐在凳子上，而是坐在一个大瓷坛或者普通材质的坛子上。

中国的刺绣在设计上没有欧洲的刺绣精巧，但也有一些独到之处。她们能够在缎子、丝绸和天鹅绒上刺绣，如同浮雕一样绣出花朵和其他稀奇的图案。她们还会用混合或者单一的线，运用独特的工艺刺绣，并且将其缝制在任何材质上。

在竹质架子上刺绣的人

纺线机和做衣服的人

本页这幅图几乎无须解释。中国的纺线工人不仅跟我们的纺线工人一样纺亚麻和麻，还要纺棉花。在印度，纱布和棉布的纺线技艺达到了完美的程度，他们使用的纺线机跟欧洲精制的纺织机完全不同。纺棉用的不是那种一百个线筒的运转都靠一个工人来控制的复杂纺线机，而是全部由转轮或者卷线杆来完成，这使得线更细、更均匀。

欧洲使用纺线机是为了减少过多的体力劳动。在印度和中国，人口非常多，谋生方式很简单，工作的报酬都很低廉。假如一个熟练工人一天需要 2 便士，30 个人才需要 5 先令，这在英国可能只是一个工人的佣金。无论英国还是法国的服装女工，其环境都比中国女工的要好；但是中国女工的命运更加公平一些，学徒也更容易。她们走街串巷，胳膊上挎着篮子，里面装有专业的纺织工具，直到有需要的人把她们请进家里。

时尚并不会轻易改变。路易十四时期由传教士传入的画作上的服装，无论款式还是颜色，在当今的中国仍非常适合。这与欧洲是如此不同！在欧洲，今年的穿衣风格和去年不同，就像 20 年前的时尚跟上个世纪有很大的不同一样。我们不仅改变了流行式样，还改变了服装的术语。

用于纺亚麻、麻、棉花等的纺线机（左）与挎着装有专业用具的篮子走街串巷的裁缝（右）

做袜子的人和卖蛇人

中国的袜子不是编织成的，而是用布缝制的，里面有棉布衬里，袜口还缝着一圈金线。虽然这种袜子的样式不好看，但无论如何它很暖和。

在欧洲，帽子和袜子通常被放在一起卖，但在中国，它们却是分开售卖的。中国的帽子，尤其是上层人士戴的帽子，是用一种柔韧的藤条编制而成的。上面覆盖着柔顺的毛发，这些毛发被染成亮红色，颜色来自一种特殊品种的牛的胃[1]。当这种帽子作为国家或家族的悼服时，按习俗会把上面的红缨摘掉 27 天。

下页插图里的另一个人是卖蛇人。他的肩上挑着一根竹质的扁担，一端挂着一个篮子，另一端挂着一个木桶。篮子里有一个坛子，里面盛满了蛇汤。桶上有一个笼子，里面是活生生的蛇。

在中国，作为药用或食用的蛇有很多种类。人们通常将这些爬行动物放在篮子、桶或坛子里进行售卖。小贩手上拿着一块木板，木板上面用文字介绍了他售卖的商品。店铺通常也有类似的木板，木板上面的文字表明售卖物品的优点，通常还会加上“包好”等字样，表示店家不会欺骗你。

捕蛇人需要有相应的谋略和勇气。发现一条睡觉的蛇后，他们会用手轻轻地滑过它的身体而不会惊醒它，当滑到它头后面的位置时，猛地压住它，这样既能防止它逃走又能避免被咬。他们会马上摘掉蛇的毒牙或毒囊，然后把蛇放进挂在腰带上的小篮子里。

有一种普遍存在而又毫无根据的观点认为蛇有刺。实际上蛇没有刺，人们有这样的误解是因为蛇吐舌头的动作很快，看上去像有两条刺。蛇有两个中空而又弯曲的牙齿，里面各有一个含毒素的囊泡。当它咬人的时候，囊泡受到挤压，锋利的牙齿扎进肉里，毒素会从伤口流入血液。这非常危险，如果没有得到及时解救，甚至可能致命。囊泡和尖牙一旦被拔除，这种动物就不再强大了。它的其他牙齿都很小、很钝，咬在手指上几乎不会有任何痕迹。

在印度，人们常常能看到江湖郎中的脖子上缠绕着一条长长的毒蛇，但是毒蛇一点也伤害不了他。人们看到蛇飞快地吐着信子感到非常可怕，但其实它一点危险也没有。据说有一些卖艺的人会表演吞蛇。他们将一条活蛇几乎全部吞下，为了让观众相信这不是骗局，他会拽着蛇的尾巴再把它拉出来。

---

[1] 应是牦牛尾。——译者注

挑着扁担售卖蛇汤、活蛇的卖蛇人（左）与用布缝制袜子的中国妇女（右）

切割银块的货币兑换商

在中国，银和铜作为货币流通。金仅仅被看作为有价值的物品，价格会受到商业波动的影响。相对于银来说，金的价格比欧洲更低，所以商人们会带着银块到广州兑换成金块，获取其中的差价。

在中国，如果政府允许开采金矿的话，金子也许会更普遍。国内流通的金子要么来自外贸，要么是从河沙中淘出来的自然金。银子并没有被铸造成钱币，而是被浇铸成大小不同的银饼或银锭，交易的时候再进行切割。

中国人用一种来自日本的简易杆秤来称银锭的重量。它和罗马的天平有点像，由一个秤盘、一根象牙或者檀木长柄和一个活动秤砣组成。横梁被分成几段，它的三个面的三个不同的点上挂着丝线，这样可以称任何重量。据说，这种秤可以精确到一克朗硬币重量的千分之一。

银块应该是统一掺有百分之一的合金，但是有些会降低质量，一旦被发现，就不能用来支付了。很多中国人只要看一眼就能够鉴别银块的质量，几乎不会受骗。为了算清账目，他们习惯于切割银块，同样也会精确地切割西班牙的皮亚斯特，这是欧洲人在广州进行交易的时候使用的货币。

切割银块的货币兑换商

中国人会在这些西班牙的皮亚斯特上用特殊的符号做标记，以表明它们的质地是好的。他们还会钻一些孔把它们串起来。内地的中国人并不喜欢有标记的或者被切损的皮亚斯特，他们宁愿产生些损耗，把它换成完整的新的。

切割会让铸块缺损，因此一些底层民众经常去收集和清理从店铺扫到街道上的垃圾，希望偶尔能从中发现切割铸块时落下的碎屑。这种职业和伦敦的水道清理工有可能在水道里发现马蹄钉一样有利可图。

确切地说，在中国只有铜钱拥有固定价值，这些铜钱是铸造的而不是打造的。德金先生认为这种铸造方式花费较大，但是政府拥有铜矿，不需要采购用于铸币的金属，因此能够承担铸造铜币的开销。

在中国，古代的钱币很少见，中国人卖给外行、外国人的藏品中大都掺杂着仿制品。这些仿制品很难跟真品区别，好像是从一个模子里铸出来似的。然而我们聪明的古董收藏家可以通过一粒沙子或最轻微的特征分辨出钱币是浇铸的还是打造的，因此可以轻易进行区分。

关于钱币在中国流通的最早时间，唯一能确定是公元前 1600 年。中国第二个朝代的建立者商汤发掘了一座铜矿，并下令制造一些钱币来促进供应品的交易，这是长期遭受饥荒的人最急需的。

铜币易碎，因里面含有等量的白铜和红铜，这两种材料是中国特有的。铜币单位以两、钱和文来计量，相当于葡萄牙人的 taels、mas 和 condorins。根据货币的不同，每钱相当于 80 至 100 铜币。它们被用绳子串起来，在顶端系好。为了更快速地整理出大堆的货币，兑换商们会用一些小块的中空木头整理出他们需要的数量。

尽管造假币会被判处死刑，但仍无法杜绝这一犯罪行为。如果基础货币是银币的话，那么它可能会保持较好的质量，因为伪造铜币并没有太大的好处。最普遍的造假方式是将以前禁止流通的小钱币敲打成当下钱币的大小，这些假币和真币串在一起，如果不拆开逐一检查的话就很难发现。

中国的货币使用过锡、铅、铁、陶片和贝壳，甚至还用过纸币。汉代之后，据说有一位皇帝下定决心要废止所有的铜币，用圆形的赤陶片来代替。在东方，人们认为赤陶是一种具有特殊性能的黏土，它的名字来源于拉丁文中的一种印章，因为流通中的陶片都被盖上了印记。这种赤陶最主要的用途是制作水壶，由于这种材料有些气孔，水可以快速蒸发，温度降低，水在里面会自然净化。这位皇帝想办法收集来了他能找到的所有铜币，并把它们埋了起来，同时处死了那些受雇埋钱的工人，以便隐瞒这件事——这种保密措施既可恶又无效。

在印度，作为货币流通的玛瑙贝或者贝壳称为“贝”，中国人之前也把它们当作货币，但是在很久以前就被废止了。

中国现在所有的钱币都是圆形的，中间有个方形的孔。如前所述，它们被成十成百地串起来。在早期的一些朝代，有些钱币的形状异常古怪。有一种是弯刀的形状，因此称之为“刀”；还有一种像龟壳；还有的像时钟；有一种被称为“鹅眼”[1]，它薄得可以漂在水面上，购买一个人十天所需的大米需要花费上万个鹅眼钱。人们特别重视一些古钱币，因为上面刻画的图案非常神秘，如凤凰或者麒麟。麒麟是传说中的一种神兽，长得像牛，但有鱼的鳞片，头中间长了一个角，喉咙两边还有腮须。

纸币在金代初期开始流通，上面印有帝国的标志，面值相当于一盎司[2]银。在它的下面是一行文字，与法国革命时发行的纸币上面的文字类似：“伪造者将依法被处以死刑——国家奖励举报人。”制造工人抄写着他自己可能受到的判决，不住地发抖，但无法停止这可怕的想法。

正如法国人在钱币剧烈贬值时保存一些纸币那样，中国人也完好地保存了他们的纸币。然而他们保存纸币不是出于好奇心，而是因为迷信。建房子的时候，中国人会在房屋的主梁上放一些钱币。他们确信这种辟邪物会保护家庭远离各种灾难。

中国的钱币上从来不会有君主的画像，但会有他的年号、朝代和统治时间等。因为中国的钱币比较小，做工粗陋，本身的价值并不高，所以在欧洲很少见，收集爱好者也不会收藏。

一位非常有能力的古董商写了一本备受好评的爱尔兰古代文物研究著作《希伯尼亚杂录》，书中有关并不是很古老的乾隆时期的钱币的内容出现了荒谬的错误。

这枚硬币毫无疑问是通过货物贸易来到爱尔兰的，它成为了小孩子们的玩具，他们把它丢在了泥塘里。随后人们从泥塘里发现了钱币，迅速送到了睿智的古董商作者那里。钱币上包裹的铜锈显示出它是一件古老的文物。他将四个汉字误认为是叙利亚语，并把背面的满文误认为是腓尼基文。经过费力地研究，他自认为辨认出了这些被抹去半截的字符，觉得它是腓尼基文字里的 pour，意思是命运。于是他毫不犹豫地宣称这枚硬币就是腓尼基人带入爱尔兰的，或者是由腓尼基人直接在爱尔兰打造的，并就此发表了长篇论文，这比所有关于这个主题的著作更能证明爱尔兰历史的真实性。

[1] 鹅眼钱，古钱币术语，或称“鸡目钱”，指钱体轻小如鹅眼、鸡目之类的劣钱。——译者注
[2] 1 盎司 =28.35 克，16 盎司 =1 磅。——译者注

制绳工厂和肥料

跟欧洲一样，中国人做绳子也会以麻类植物为原料，这是他们的作物之一。但是他们更偏爱竹子。竹子在中国是使用价值很高的植物，因为它可以做成各种形状，有多种用途。

从图中可以看到，这些制绳工人正在水平地晃动绳子，这和欧洲一样；但他们并不总是这样。如果绳子很长，比如缆绳，就会垂直加工。工人会爬上 12 至 15 英尺高的脚手架上，把又长又细的竹丝拧在一起。绳子做好后会立即放进装满尿液的桶里：这种酸性液体会使绳子变得结实又富有弹性。

与英国一样，在这个勤劳的国度，这种令人厌恶又肮脏的东西被转化成了有用的东西。老人和儿童经常会在乡村里走街串巷，耐心地把人和牲畜的粪便收集到陶罐里，用作施在地里的肥料。巴黎附近的蒙特福孔制作蔬菜肥料的灵感就来自中国。

从马戛尔尼伯爵那里，我们发现了农民更喜欢的肥料种类。中国的农民一般会在大路附近把一些大盆或罐浅浅地埋起来，过路的人有可能会用到这些罐子。中国人认为人畜粪便制成的肥料有很高的价值，因此从这一角度来说，即使是虚弱的老人也会对供养他的家庭有所贡献。

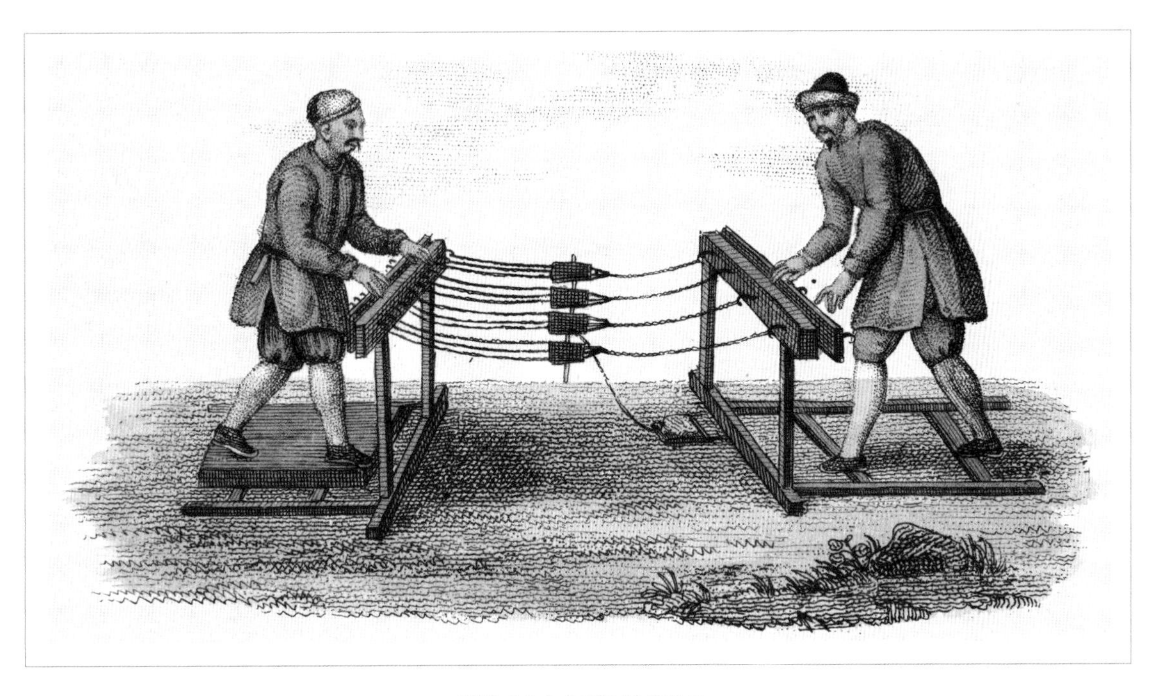

制绳工人在水平地晃动绳子

中国乡村运货车

尽管这种运货车主要是用来运送最普通的物品的，但是它看起来和富人，甚至皇帝在都城街道上乘坐的或用来旅行的车没什么不同。这种车的样式笨拙，肩舆[1]和轿子似乎比其要舒适得多。

这种乡村运货车很窄、很重，架在没有辐条的小轮子上，或用四个笨拙的木块来代替。重量都压在轮子上，一部分在外面，因此车子的重心并不在正中间，即使很小的颠簸也可能会翻车。

在中国某些省份的村庄，人们会使用竹质的独轮车，但其非常难控制。德金先生说道："我们看到了一辆空的手推车，尝试去推动它，但是很难保持平衡。因此我们感到好奇，在它装满东西张开帆的时候，劳动者是如何控制它，并推动它前进的。"[2]

以前的旅行者都说，那时的中国人与他们的后代相比，更常使用这种带帆的车子。这些手推车是竹质的，只有一个轮子。没有风的时候，一个人把挽具套在自己身上，在前面拉车，另外一个人则负责保持它的稳定，并在后面推车。当风向合适的时候，他们会展开一块布帆，这就使得拉车的人变得多余了。但与欧洲相比，这种方式毕竟更适合中国的某些乡村。在这些地域，季风或者昼夜风会有规律地朝一个方向吹。

德金先生是这样评价中国这种带帆的手推车的："所有这些东西几乎根本没什么用。"然而，那些农民仍像平常一样张开帆，推动手推车。如果不这样做，他们一定会发现更轻松了。不光在这些方面，人们还盲目地追随帝王的习惯，保持先辈们笨重而荒谬的车子形状，因为没有制造其他种类车子的车匠，或是因为不想冒险去尝试不同的车子。但是关于手推车有帆还是无帆更容易行走的问题，即使是最有偏见的人也能感觉到它们的差别。

---

[1] 初期的肩舆为二长竿，中置椅子以坐人，其上无覆盖，很像四川现代的"滑竿"。后来，椅子上下及四周增加覆盖遮蔽物，其状有如车厢（舆），并加种种装饰，乘坐舒适。这种轿子就是"轿舆"，唐宋以后盛行的就是这一种。此处的肩舆应该是指椅子上下及周围没有遮盖物的，并不是我们通常认为的轿子。——译者注

[2] 此处说的应该是"加帆车"。这种独轮车的车架上安装了风帆，可利用风力推车前进。——译者注

中国乡村运货车

弹花郎

即使是中国气候偏热的省份也很重视棉花生产，尤其是草棉。这种价值很高的植物主要分为两种：一种是灌木植物，叫作木棉；另一种是草本植物，叫作草棉。

草棉可以种植在北方，能结出高质量的棉花。棉花不像大麻和亚麻纤维那样是从植物皮里取出，而是取自从果实内长出的柔软绒毛。棉花本身是白色的，但是在江南（南京是首府）有一种美丽的橙色棉花，在纺织过程中依然会保持橙色。用这种棉花制成的布料通常叫作南京布。[1]

棉花的果实只能用三根手指采摘。将摘下来的棉絮放在薄纸上，然后放在太阳下晒 3 天，接着用磨粉机脱壳。但这道工序没法完全去掉结实的外壳和枝叶等物质，剩余的工序就需要由人来完成了，如下页插图所示。

棉絮被收集在一张大桌子上。工人将一根柔韧的竹竿固定在一条腿上，竹竿比他的身高还要高出 2 英尺左右。这根柔韧的竹竿被一根钓线拉弯，钓线与一个大木弓相连，工人用小木棒敲击弓弦。弓弦不断地被敲打，在棉花上颤动，这样就能去除棉花上的碎壳和尘土。

草棉需要在肥沃潮湿的土地上精心地培育和施肥。一株草棉的生长期为三年。草棉收割之后，土地需要轮换耕种大麦或者小米。尽管他们的土地可以种植大量棉花，但他们更倾向于培育茶树，因为茶的产量更高。结果很多省份的中国人移去了棉花，从广州的外国人那里购买苏拉特棉花。英国人供应给他们 4 万至 6 万包棉花，共有几百万斤重。

考虑到几乎所有中国人都穿棉布衣服，如此巨大的消耗量并不令人吃惊。普通人一般穿蓝色衣服，因此，许多人会在房子周围种一小片蓝草，从这些蓝草中提取染料，给全家的衣服染色。靛蓝是从蓝草中萃取出来的蓝色沉淀物或粉末，在中国很普及。

---

[1] 南京布带有淡淡的紫色。这种布本色是白色，或是一种接近于白色的淡赭色，但在染上天然的植物染料后就变成了淡紫色。其表面看起来好像是一种很自然、很原生态的颜色。——译者注

弹花郎

采漆

中国漆产自一种漆树，不同于日本的清漆，后者产自盐肤木或者毒漆树。这两种树在欧洲也有种植，木质优良，比胡桃树更受工匠和细木工的青睐，比橡树更加耐用。

直至今日，我们都没有成功地引进这种中国漆树，也没能培植成功。马戛尔尼伯爵的随从曾经在中国的南部省份费尽心思花高价买到了一些漆树苗，生怕被人发现。但是让他们吃惊的是，这些漆树最后全都枯萎了。后来他们查明了原因，原来这些漆树都没有根，只是一些插进盆里的小树枝。

漆是一种从这种树里流出来的浅红色树胶。漆树大约高 15 英尺，粗 2.5 英尺，叶子和树皮都与梣树很像。漆树要长七八年之后才能采漆，并且只能在夏季采。采漆的时候，人们一只手拿着一把半圆形的小刀，在树干上横切开一个口，另一只手把一个贝壳插进切口里，大约插进半寸深，这样贝壳不需要任何支撑也能固定在那里。人们前一天晚上切口，第二天去收集渗进贝壳里的树胶。有时他们会用长长的竹管来代替贝壳。

漆树的所有者一般不会亲自采漆。商贩们会在特定季节，以每英尺 2.5 便士的价钱雇用采漆工进行采集[1]。工人们采漆时需要特别谨慎，避免这些漆带来的致命危险。他们经常在手上和脸上搽一种特殊的油，以减少树漆带来的伤害。结束工作后，他们会用加了冷杉皮、板栗壳和硝石等的热水清洗全身。工作的时候，他们会在头上套一个亚麻布袋子，绕着脖子系上，只在眼睛的位置留两个洞；穿着鹿皮做的围裙、靴子，戴手套。防护不当的工人会得一种很可怕的病，他们称之为“漆疮”。患者全身长满皮疹或皮癣，用强效的泻药或者烟熏等方法才能祛除。

正如下页插图展现的那样，用竹管采漆的过程就没有那么危险，因为漆在竹管里不会强烈蒸发。插图中，有个工人正停下来休息，毫不在乎地坐在树下吃米饭。

贝壳或竹子里的漆经细布过滤后，被倒进一个大陶罐里。不能渗过滤网的则被单独保存，然后卖给药商。一晚上能从 1000 棵树上收集 20 磅的漆就算是丰收了。这些都完成之后，商人们会把漆放进木桶里封存。

中国漆可以用在最常见的木制品或纸板上，让木头增加光泽，还能保护木头，防水防潮。这些清漆可以直接涂在木材上，也可以加在由纸张、亚麻和石灰混合而

---

[1] 此处价格指的是采漆工每切开漆树，收集 1 英尺的生漆，报酬是 2.5 便士。——译者注

用竹管采漆的两名工人

成的乳香脂中。漆是透明的，涂上两三层，木头的纹理仍然清晰可见。如果想要遮盖木头表面，就要多涂几层漆。漆干之后，工匠会在上面画上金色或银色的图案，然后再涂一层漆，使图案显得更亮，并得到更好的保护。

作为商品，日本漆更佳，因为它的制作工艺更精细，味道也更好闻。日本的漆器一般是黑色的，因为其中必须掺一种药品，但这会使颜色变阴暗，所以其他颜色不太合适。我们的工人涂在木头或铁上的日本漆与中国漆完全不同。日本漆要用猛火，特别是涂在铁上的时候更是如此，而中国漆不太适合这种方式。中式和日式的柜子在过去需求量很大，而如今它们已经过时了。然而它们这么漂亮，肯定很快就会重新流行起来。

中国的古墓——帝陵和王爷陵

前文已经讲过，中国人对自己的祖先十分尊崇，并且慎重地维护祖先的坟墓。墓庇护着一个人最后的骄傲和脆弱，但仍然像其他部分一样逐渐地损坏了。一个家族花费巨资修建的坟墓被破坏，意味着这个家族的消失和没落。

一位聪明的传教士想到，如果那些石头、砖头和木材搭成的宫殿、宝塔、拱门、锥形建筑、陵墓及其他奇异的建筑都保留至今，那中国会在哪里呢？

皇帝的陵墓并不比其他人的更受保护：一个朝代的君主不会想去修理前朝君主的坟墓。相反，有时君主出于嫉妒或宿怨会去破坏前朝的坟墓。

中国的史书中讲道：1285 年，元朝的建立者下令推平前朝的坟墓。接到命令的人不仅铲平了坟墓和地基，还在撕碎了尸体之后，剥去了尸体上彰显往日华贵的每个标记，拿走了金子、珠宝和饰品，亵渎他们的灵骨，将其当成餐具、杯子等，把残暴发挥到了极致。皇帝将他们关进监狱，然而过了一段时间，亵渎死者坟墓的人就被释放了，没有受到任何惩罚。我们可以相信，他是依照密令行事的，仅仅是表面上被逮捕，以免太过明目张胆而招致人们的愤怒。

这些遗迹都很粗陋。在孔子的时代，陵墓仅仅是墓穴上堆成的一个土堆。孔子告诉他的弟子，他将父母的遗体放在了墓室里。

吾闻之：“古也墓而不坟；今丘也，东西南北之人也，不可以弗识也。”于是封之，崇四尺。

远古时期，坟墓仅仅是一个简单的砖垒墓穴；夏朝时，多了一层石质外层；到了商朝，尸体要先放进两层的棺材，然后再放进两层的墓室；到了周朝，又增加了很多装饰。如今，官吏及其他名士的坟墓甚至如同活人的房子那样富丽堂皇。

在树木繁茂的小山坡上有着成千上万的坟墓，建得像房子一样，只是规模小了一些。它们通常被涂成蓝色，前面装饰有约 6 至 8 英尺高的白色柱子，像是小型的街区一样。

上层阶级的坟墓修建在半月形的平台上。墙壁是石砌的，门是白色的大理石材质，上面刻着已故人的名字、等级和美德。有时候平台上还会建一座石碑，周围种满了垂枝的柏树，如金钟柏，还有其他枝叶能长长地垂下的树木，为坟墓增添了一种阴郁的氛围。斯当东爵士说，从没在欧洲见到过这种墓。

这些上层阶级的墓碑有两层顶，上面一层是紫色的，下面一层是绿色的。上层墓顶有一个绿色的球。其他人墓碑的顶层则是不固定的。塔一般120至180英尺高，塔基占塔总高度的四分之一或五分之一，一般分为五层、七层或九层。

中国和欧洲的建筑师竖起墓碑的方法不太一样。在欧洲，一些灵巧的机械能够举起很大的重量，比如由两三个人操纵的带有杠杆或轮子的起重机和绞盘，而中国人几乎不知道这些机械。事实上，由于很少使用体积庞大的材料，他们也不需要用这么复杂的方式。

中国的工人要多少有多少，不必考虑节约劳动力这一因素。因此，脚手架不是围绕在建筑周围，随着建筑的高度而上升，而是在斜面上建造的。在建筑的每一层，脚手架都需要被改动和加高。这种斜面是用结实的竹子捆扎起来的。

如果中国工人想要建一个拱顶，不会像我们的建筑师一样建造假的木心，而是会把一块木板堆在另一块木板上，好像要把它们堆叠起来。中国的拱顶上没有拱心石，而是由带有角度的石头构成。它们垂直地向中心弯曲，相互支撑。这种石块的排列方式如同很多竞争对手之间的关系——他们都想达到同一个目标，相互制约对抗。

商业

中国服饰与艺术 第三卷

在平台上散步的满族女子

前文已经介绍了满族女性及她们独特的服饰，这里无须重复。但必须注意的是，满族女性，尤其是图中那些地位显赫的满族女性，更可能是纯正的满族人，而非具有满族血统的女性。满族人入关后，并不是所有人都将自己的妻子带到了关内，他们便与汉族人通婚，通过婚姻培育自己的继承人。满朝的皇帝，尽管父亲都是满族人，但母亲有的却是汉族人。

满族人占领南京地区的时候，把当地所有女性都掠去，然后在市场上出售，自己却没有占有这些女人。可怜的女人们被装在麻袋里，无论长幼美丑，全都以同样的价格随意地售出，每人大约卖 12 先令。买者在购买之前看不到这些女人，只能自己承担风险。

一个只有 12 先令的贫穷的汉族工匠，和其他人一样，随意买了一个麻袋，然后扛在肩上带回去。一走出人群，他就动手打开麻袋，想看看自己的运气。令他极度难堪的是，他发现自己买的人又丑又老。一想到钱已经花了，他气急败坏，决定把这个可怜的人扔进河里，或者至少把她留在旷野里。这个老妇人乞求他冷静，并告诉他，如果能留她一命，她会让他发财。工匠没有让老人再求他，就把老人送回家，带到了她亲人身边。老人的家人给了他一大笔酬金，因而工匠并没有因为这次投机行为而变得更穷。

北京和中国其他城市的大多数私人住宅的屋顶都有平台，人们在那里养花种草。中国人，特别是汉族女性，都喜欢在上面走动。

而那些没有平台的屋顶是对称的坡面，还有贝壳边一样的屋檐，有的屋檐饰有大量图案，其中一些图案表现了真实存在的事物，但更多的是来自艺术家的想象。皇家宫殿的瓦上面涂有金光闪闪的漆，看上去像是镀金的。斯当东爵士说，很多中国人费力地向英国人解释，说那些瓦实际上就是金子做的。路易十四派往暹罗的大使也受到了同样的欺骗。一个名叫康斯坦斯·华尔康的欧洲探险家深受皇帝喜爱，担任首席顾问，他让大使的全体人员都相信了他们在佛塔里见到的佛像是用大量黄金塑成的，尽管实际上那只是石膏像，甚至都没有镀金，只是涂了一种非常闪亮的黄色。

塔高七层，每层都有顶。南京的大瓷塔[1]顶部呈菠萝状（现已消失）[2]，中国人坚持说塔顶是实心的黄金，而实际上只是涂了黄色。

---

[1] 即南京市大报恩寺的琉璃宝塔。明清时，一些欧洲商人、游客和传教士来到南京，称之为“南京瓷塔”，将它与罗马斗兽场、亚历山大地下陵墓、比萨斜塔相媲美，称之为中古世界七大奇观之一，是当时中国的象征。——译者注

[2] 当时西方人认为瓷塔塔顶是菠萝状。——译者注

女乐师

下面插图中的这位独具匠心的乐师正在演奏一种由锣（或者说是铜盘）组成的编钟。从插图中不难看出，这种方式无法演奏出非常和谐的曲调，因为这些铜锣只有三个，只能发出三个音符。

下文将介绍中国的音乐体制、种类多样又有趣的乐器，以及这些乐器的优点。

敲打编钟的女乐师

乐器

中国人非常喜爱音乐。他们对音乐的崇拜源自他们阅读的典籍，这些典籍将音乐看作是一种礼教规范和道德基础。

他们不认为当今的音乐有这样神奇的功用，声称当今的音乐并没有达到伏羲时的卓越。中国人认为，这位半人半神的帝王不仅创造了音乐，还发明了很多令人惊奇的铜质乐器，比如手鼓、罄或钲及云锣。人们称，他制作的乐器上半部分是圆的，代表天，下半部分是方的，代表地。（中国人坚信地球是平的、方形的，他们的帝国位于中央，因此他们称自己的国家为中国，意思是“中心的国家”。）

伏羲时期的音乐是极其神圣的，但是人们堕落了，无法保留它最初的纯粹。在黄帝统治时，一种新的音乐出现了。一位叫泠伦[1]的艺术家对它的曲调排列与编排进行了说明。

在少昊统治的时期，音乐被称为“大乐”，意为和谐。事实上，人们认为音乐具有融合人与精神的力量。在此之前，音乐似乎只依赖于乐器。口头传唱的音乐诞生于帝喾（高辛氏）时期，由他的首席乐师咸黑发明。咸黑还发明了竖笛和横笛，还有一种新型的鼓。他把新的歌曲叫作“六英”[2]，代表大地和四季之美。所有这些发明都先于尧统治的时期。他是第一位真实存在的帝王，生活在公元前 2300 年左右。

中国的圣贤书中曾提到一种通过音乐来提高道德的荒唐方法。似乎当一个人承诺要改掉某个缺点时，这种承诺会被编成一首歌；一旦他恢复了以前的坏习惯，这首歌就会在空中响起，使他羞愧难当。

中国古代只有五个音调，分别是 fa、sol、la、ut、re，后来又增加了 mi 和 si 两个音调。这并不奇怪，正如我们的 la 在希腊音节中实际上并不存在一样，而且发音有点不同。同样地，si 是一个现代的音调，这个音不是由阿雷佐的奎多（Guido d’Arezzo）命名的，他最初只是给出现在著名的《圣约翰赞美诗》中的这些音符标上了音节。尽管音符的名字是由一个意大利人发明的，但只有法国人采用。意大利人、英国人和德国人都以字母表里的字母来命名音符。法国音乐中发出 sol 的 G 键，就源自 Ge 这个音。

---

[1] 中国古代传说中的音乐人物，亦作伶伦。相传其为黄帝时代的乐官，是发明律吕据以制乐的始祖。——译者注

[2] 古乐名，相传为帝喾或颛顼之乐。《吕氏春秋·古乐》：“帝喾令咸黑作为声，歌‘九招’、‘六列’、‘六英’。”——译者注

中国人的音乐不是写在线谱上的。在他们看来，线条代表音调的高低，中国人只简单地记录下整个音域的音符。他们要感激耶稣会徐日升[1]的这个方法，尽管在一些方面还不完美，但不像欧洲乐谱那样要求掌握三四种音调，这会让学生们感到困难。欧洲音乐的 fa 有两个调，ut 有四个调，sol 有两个调，而且这八个调中，同时使用的调几乎不会超过四个。

这些音符的意义由它们所在的位置和底下的长线决定。有一些符号对应着我们的升半音和降半音，其他符号则表示重复前面的音符及拍子和停顿。斯当东爵士注意到，一些中国人已经开始练习使用方格纸了。

中国人的音乐非常简单。因为他们不知道复调，所以曲调并不复杂，采用八度音节伴奏。伊登勒[2]是一位颇有成就的德国人。他曾经跟随马戛尔尼伯爵的使团并担任小斯当东先生的老师，而且对中国音乐有独特的研究。他发现他们的音调不太完美，直接从饱满转到尖利，然后又倒过来，完全没有中间的过渡调子。

这些音乐尖利刺耳，令人不快，尤其是水手们的音乐，他们像希腊人那样用歌曲的抑扬顿挫来指挥划桨动作。但是所有到中国的旅行者都表示，在皇帝面前表演的交响乐听起来令人非常愉悦。18 世纪初，约翰·贝尔[3]先生陪同一位俄国大使进入过康熙皇帝的皇宫。他曾谈到音乐的问题："我一直不确定自己听到的音乐究竟是人声还是乐器的声音，但是我的一些同伴分辨出了一些乐器，我们便不再疑惑了。"很幸运，这段时期中国人不再使用特磬和鼍鼓（一种手鼓）。"中国人曾用它们指挥管弦乐队，声音震耳欲聋。我们只听到钹的声音，它把控着拍子和调子，其中没有任何不和谐的地方。"

在这类演奏会上，音乐产生了一种令人愉快的效果，因为它距离听众有一定的距离。传教士们对中国音乐的赞美，无疑源自这类演奏会。约翰·巴罗先生曾经尖锐地批评学识渊博的钱德明，因为他曾说过，中国人为了使他们的乐曲变得完美，不惧使用复杂费力的几何学，还有冗长乏味的数学计算。

这种指责是不公正的，也是没有根据的。如果他们不像我们这样用笔来计算，我敢说，他们事实上用算盘完成了最深奥的计算。至于他们的音域，如果不经过某种计算，作曲家随意地在纸上写下音符，制作管乐器的人则依据自己的喜好在笛子上打 12 个孔——很明显这是不可能的。实际上，真实情况恰恰相反，他们的曲调

---

[1] Thomas Pereira（1645—1708），康熙十二年（1673 年）供职北京钦天监，兼任宫廷音乐教师。中俄尼布楚边界谈判时，为中方拉丁文翻译。——译者注

[2] Johann Christian，马戛尔尼使团成员之一，小斯当东的家庭教师。——译者注

[3] John Bell，英国医生，著有《从俄国圣彼得堡到亚洲诸地的旅行》。——译者注

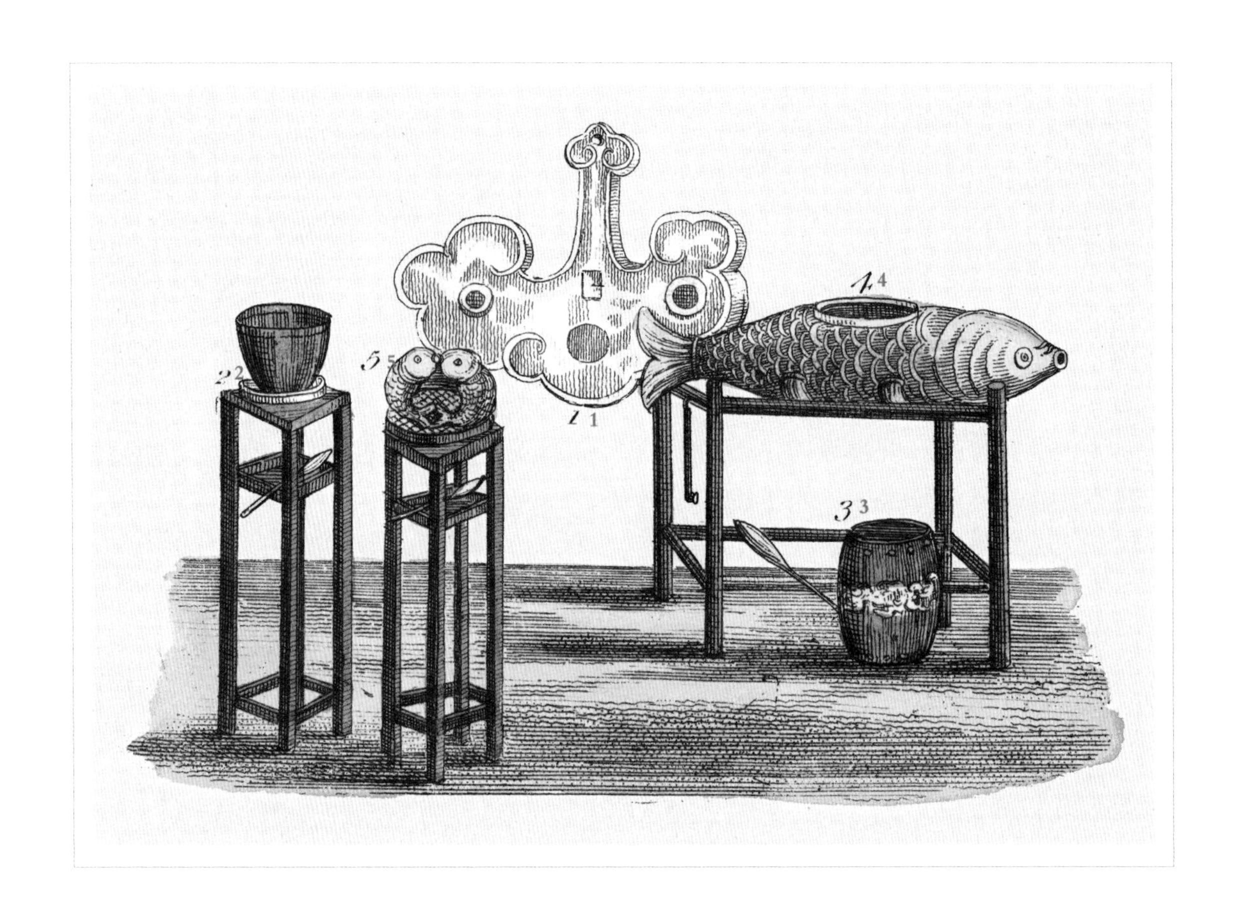

1. 云板，一种铁质乐器，用一根棒子演奏，棒子末端被塞住。它能发出一种低沉而庄严的声音。

2. 磬，用青铜或其他金属制成，用铜钹去敲打。它被装在一个木质的架子上，木架上面还放着一根棒子。

3. 一面鼓。

4. 一块大的空心木头，形状像一条鱼，安装在一个架子上。演奏时用棒子敲打。

5. 木鱼，也是一块空心的木头，形状像两条相连的鱼或者海怪。

遵从一套严格的规范。我将钱德明神父的信摘抄在此，通过这段话，人们可以正确地了解中国人的品位，以及他们关于演奏会的想法。

1786 年，钱德明神父给巴黎的传教士写信，并寄去了云锣和有名的中国手鼓：

> 我认为你们的演奏者不会想用中国的云锣来演奏奏鸣曲或抒情曲。每个民族都有其独特的品位和风俗。你们习惯了做事迅速，以最快的速度去做，持续地去做。对你们来说，休息就是死亡，必须飞翔、跳舞、奔跑，否则自己就什么都不是。中国的风气却不是这样的，他们总是静悄悄的。但他们歌唱时，观众毫不费力就能听到声音；演奏音乐时，每一个悠长的调子都能穿透灵魂深处，产生最理想的效果。云锣发出的声音不是彼此连接的，而是用来联系其他乐器发出的音调。

中国的手鼓是用特殊的合金制成的，我们的欧洲先辈从未模仿成功。这种知识在制造钹和长号时是无价的，或许对于制作喇叭和法式号也一样。

由英国使团乐队演奏的欧洲音乐，似乎更多地激起了中国人的好奇心而不是愉悦感，一个事实可以证明，马戛尔尼伯爵在这方面并未发表任何言论。官员们对于拥有一份奏鸣曲或交响乐的副本毫无兴趣，但是他们十分渴望获得所有乐器的正确图纸。宫廷乐队指挥获得图纸的方式非常可笑。他派画师在桌子上铺了一张大纸，将单簧管、长笛、低音管、号之类的乐器放在上面，然后用毛笔精确地把它们画出来，并添加上所有孔洞和细节。他希望中国的工匠能够制作出类似的乐器，但要根据他自己的意愿来确定乐器的比例。

杜赫德观察到，欧洲音乐在中国并不受欢迎，因为人们只听到一种乐器的声音。康熙皇帝很喜欢传教士们为他带来的演奏会。看到徐日升神父将正在演奏的音符写在纸上时，康熙皇帝非常吃惊，他觉得这是一种魔法。如果他看到一个速记员用钢笔把演说家的演讲记录下来，然后精准地复述每一个短语、词汇和音节，他又会说什么呢？

一些中国人会演奏欧洲的小提琴，但是这些爱好者的数量不多。在中国，用弓拉奏的弦乐器只有两根弦。他们的琵琶与我们的吉他几乎相同。除了手鼓和小铜钹，中国人还使用一种小钹[1]。这种乐器是用声音洪亮的石头做成的，放在像钟一样的架子上——只有一块石头的叫“特磬”，有 16 块石头的叫“编磬”。

---

[1] 又名小镲，一种互击体鸣乐器。响铜制，钵形，钹体较小而厚，两面为一副。此处应为磬。——译者注

中国这种声音响亮的石头属于燧石，博物学家称其为“片麻岩”，在阿尔卑斯山发现了大量的这种石头。这些声音响亮的石头名为“玉”，样子很像玛瑙。旅行者有时候会搞混这些矿石。玉是一种石头，在一些省份的山涧、急流和河水中可以找到。中国人十分尊崇玉，将它制成皇家服饰和装饰品的一部分，还有一些皇帝要求用玉来制作祭祀用品。

中国文人声称，当溪水流动、触碰这些石头的时候，石头会相互碰撞发出声音，古人由此产生了用石头制作乐器的灵感。没有瑕疵的黄色石头最为珍贵。它们的形状使其拥有美妙的音域，但是用它们创造八度音节仍是非常困难的。中国的历史学家非常不满于把自然万物都纳入他们的音乐体系，而用动物皮毛、植物纤维、石头、土和金属这些材质制作的乐器却令他们感到骄傲。

其他乐器

中国主要的弦乐、管乐和打击乐器有 8 种。据德金先生所言，最柔和、最受人喜爱的是笙。它的管子长短不一，每根管子都会发出不同的音符。

喇叭有的没有孔，有的有 8 个或 5 个孔。喇叭嘴的部分不像我们的军号那样是单管，而是两个由一根弦连在一起的簧片，有点像单簧管和双簧管的簧片。这些乐器只能发出一两种声音。

笛子形状不一，有 5 个、10 个或 12 个孔。它们由竹子制成，卖笛子的人会在街上演奏，以便让业余爱好者领略它的美妙。有的笛子只在顶部有一个简单的孔，就像我们的横笛，但是却需要竖着拿。

鼓一般是由一块包着水牛皮的空心木头制成的。

弦乐器的弦线是用丝线而不是猫肠线做的。最大的弦乐器叫作瑟，多达 25 根弦。琴的弦最少，只有 7 根。这些乐器要么用指头拨弦来演奏，要么用小棍子拨弦。

音乐会演奏的钟基本上都是圆的，但是有的是斜的。没有铃锤，而是用一根棍子来敲击。北京著名的钟是圆柱形的，也是采用这种方法演奏，能发出巨大的声响。

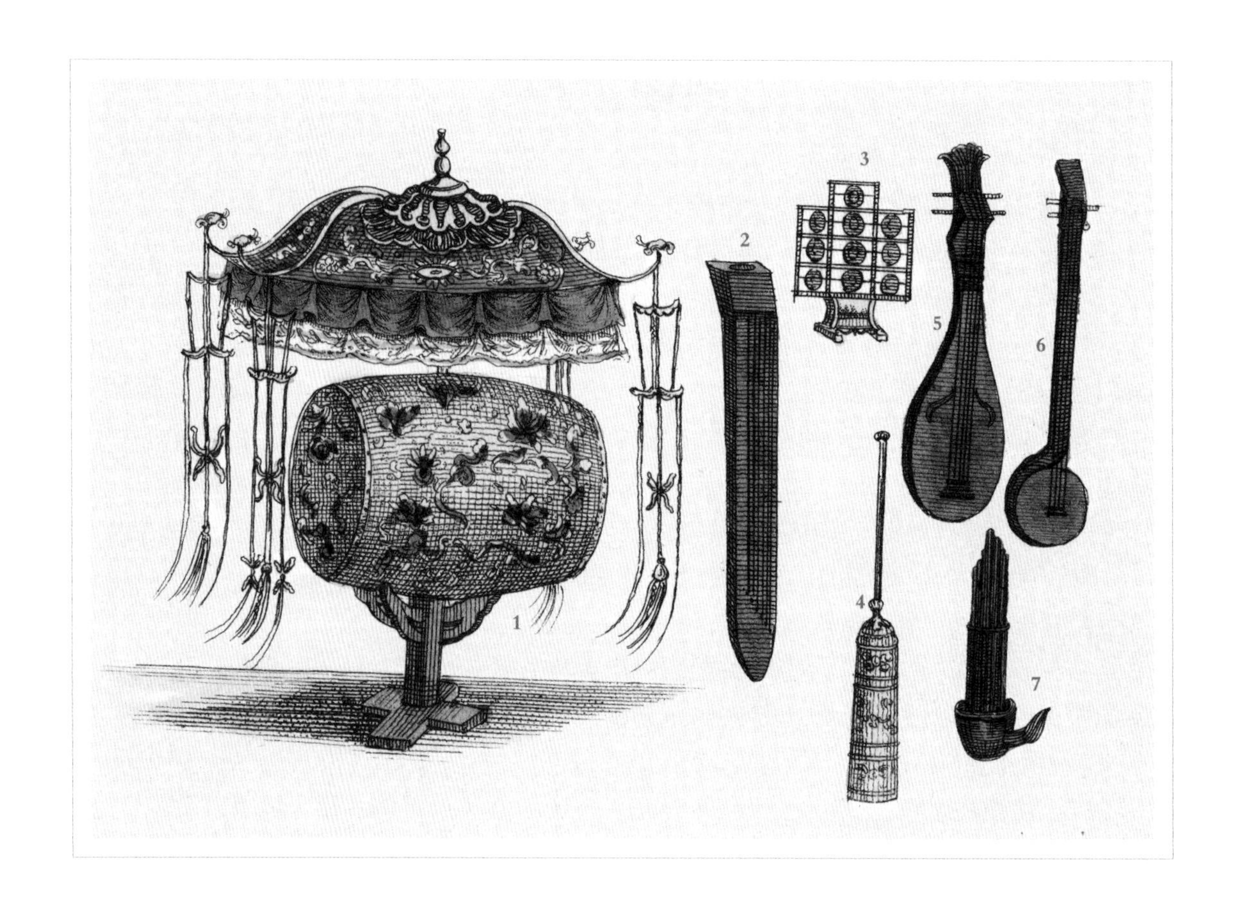

1. 板鼓，一种大型的定音鼓，上面有一个华盖。举行社稷仪式时会把它搬到皇帝前面。在庄严的场合，它也会被抬到总督和首席军机大臣面前来代表皇帝。

2. 琴，一种弦乐器，有7根弦。

3. 云锣，一种扬琴或编钟，由10个铜管乐器组成。中国人有时会用前面提过的响声石制造出效果相似的乐器。

4. 喇叭，这种管乐器不像欧洲的喇叭和单簧管的口那样细小、微开，它的形状几乎是圆柱形的，也就是说，从管口到与小管子相连的螺帽部分的直径几乎相同。

5. 月琴，一种弦乐器，有3根或4根弦。有4根弦时，称为琵琶。

6. 三弦琴

7. 笙，一种轻便的风琴，由竹管组成，安装在一个大葫芦壳上。

中国的戏剧和戏曲表演

在中国的戏剧里，管弦乐队离舞台很近，观众可以看到他们。这种布置会产生错觉，增加趣味性。

舞台通常极其简单，装饰一点也不奢华。中国有大量流动的戏曲演员，就像保罗·斯卡龙浪漫喜剧里的男主角那样，马车装着他们所有的装饰和行李，富贵人家为了款待宾客会把他们请回家，在宴会厅的一个角落很快就能搭建起一个舞台。

连都城都没有固定的剧场，任何想要看戏的居民都需要自己搭建戏曲舞台。用竹子搭一个六七英尺高的棚子，三面封闭，用席子盖上顶部，这就是一个舞台了，花费很少。观众坐在露天看戏，面向棚子开口的那一面。

1793 年，英国大使在一个几层楼高的雅致建筑里观看了宫廷戏剧。那里有三层剧场。较低层的剧场面对的是绅士们的房间，其上的隐蔽处是女士们的楼座，她们可以观看表演，却不会被外面的人看到。

演员的数量很少超过七或八人。为了精简人员，有时一人要分饰两角。这不会引起混乱，因为演员的服饰不一样，而且每个角色出场时都有不同的名字和表演内容。演员中没有女性，剧中的女性角色由没有胡子的年轻男性饰演。他们假扮得非常巧妙，不了解实情的人很容易认错他们的性别。

中国戏剧中，最重要、最受喜爱的都是关于古代帝王的故事。其中最受欢迎的是《赵氏孤儿》。它被马若瑟神父翻译成法语后，伏尔泰根据这个故事写了一篇悲剧——《中国孤儿》。马若瑟神父是一个耶稣会信徒，喜欢提出新颖的观点。他猜想埃及人曾经占领过中国，中国皇帝的名字就是证明，只是那些埃及国王的名字被不正确的发音破坏了。

我们把话题拉回到《赵氏孤儿》这部戏。它不仅奢华，而且十分独特，戏剧的结局由一只狗引入。约翰·巴罗先生说:“灾难是吟诵而不是表演，起码在这种情况下，中国人的品位还没有堕落到引入一个四脚动物的角色。”

这位高贵的旅行者对《赵氏孤儿》的其他责难，针对的是耶稣教会的翻译版本，而不是原作，他称翻译版本为“可怜之作”。因此他表示，不应该说约翰·巴罗先生反对马戛尔尼伯爵——马戛尔尼伯爵认为《赵氏孤儿》可能是中国优秀悲剧艺术的范本。

中国戏剧很少关注时间细节，因而一部中国戏剧有时会呈现整个世纪的事件，甚至是一个统治时期超过两个世纪的王朝的历史。

希腊戏剧中会表现马蜂和鸟儿的合唱，中国人则在戏剧中经常呈现动物的形象，甚至是来自大地和海洋的无生命物体。这些动物、植物都会讲话，而且会长时间地对话。

表演过程中舞台布景是不变的，但是这不会妨碍人们想象场景变动。如果一个将军被调任到远方，他会举起一根鞭子，在舞台上走两三圈，边唱边甩鞭子，最后在目的地停下来；为表现一个城镇被占领，舞台中央会列一队士兵，而不是城墙，来表示进攻者占领了城墙壁垒。

英国人在宫廷看的哑剧是《海洋与陆地的婚姻》（*The Marriage of the Sea with the Land*）。一方面，大地之神展现了它的财富和各种物产，比如龙、象、虎、鹰、鸵鸟，以及板栗和松树，等等。另一方面，海神拥有鲸、海豚、鼠海豚和其他海怪，还有船只、岩石、贝壳、珊瑚和海绵。所有这些都隐藏在服装里，由演员表现出来，他们表演得很到位。陆地和海洋的所有物种都在舞台上走动，然后左右门被打开，给一头鲸留出空间。这头鲸直接来到皇帝面前，喷出几桶水，淹没正厅前排的观众，但水很快会通过木板上的孔排干。观众看到这个把戏后大声喝彩。

德金先生分析了另外一部名为《西湖三塔记》（*The Tower of Sy-Hou*）的戏剧。开场是一些骑着蛇的鬼在一个湖里游动。一个仙女爱上了一个和尚，她不顾妹妹的劝说与和尚成了亲，然后怀孕了，在露天舞台上生下了一个男婴。这个男婴很快就会走路了。这些鬼对和尚的不知羞耻感到愤怒，于是把他赶走，投进了塔里。[1]

在我们的戏剧里，旁白是与常识相反的，中国也流行这种。尽管一名演员就站在另一名演员身边，却不能看到他，因为他们之间隔着树或墙。为了表示进入房间，他们会假装开了一扇门，跨过门槛，其实没有真实的门、墙或者房屋。

一些中国戏剧，尤其是那些在广州上演的戏剧，是非常不得体的，有些内容令人不快。在一部剧中，人们为了惩罚一个暗杀丈夫的女人，要将她活剥。这个女人受刑之后再次出现时，完全是裸体的，皮全被剥掉了。演员演这部分时身上穿一层薄薄的、非常合身的东西，让人们误认为这就是人皮被剥之后的样子。伦敦的意大利剧场里的演员的肉色服装与之相似。

人们邀请流动的戏班进行表演时，最尊贵的客人会从他们的戏曲库里选一段他最喜欢的。如果这部戏里的反面角色刚好与一个观众同名，那么会改成其他戏。中国人非常喜欢戏剧。

在《爪哇岛民间和军用草图》（*Sketches Civiland Military of the Island of Java,Madura,&c.*）一书中，人们可能会看到一些非常有趣、滑稽的内容，其中包括一些科学实验和针对有名的毒树的注意事项。这些内容可以吸引文人，还可以满足

---

[1] 与中文版本出入较大。——译者注

那些为了找乐子而读书的人。

还有一些在车上表演的、流动的戏剧演员，这让人想起希腊剧院的初创期泰斯庇斯和他的同伴们做的最早尝试。“悲剧”的字面意思是“山羊之歌”，如果演员表演得好，就可以获得一只公山羊作为奖品，或者得到价值相等的钱。

俄国人伊万·伊万诺夫·查尔准非常向往这里的一切，人们已经把他视为中国人了。他在《新中国行》（*The New Vogue to China*）一书中，详细描述了这些娱乐：

> 我们在桌边坐下后，五名衣着华丽的演员走进了大厅。他们前额着地，非常谦恭地问候了我们，就像俄国农民对他们的地主那样。其中一名演员走到贵宾面前，递给他一个用金色字体誊写的长清单，上面有五六十部他们擅长的戏剧名，请他选出一部。第一位客人礼貌地拒绝了，把它给了第二位客人，第二位客人又给了第三位客人，第三位给第四位，如此这般传到了最后一位。
>
> 这个目录在我手上停了一会儿。一看到它，我就认出了几个我曾经做流动演员时演过的戏。我害怕被人知道，开始脸红发抖。但幸运的是，现场的演员和客人没有我演戏时的同伴或观众。
>
> 这个清单又被依次传回到第一位贵宾手里，这时他必须做出决定。他重新看了名单，指出他认为大家最喜欢的戏剧。这名演员鞠躬，随后很快开始表演。

收录上述部分的书还没印刷出版，但是它的一部分已经被科策布出版。他说他得到的是俄语原版，共22册，每一册分为10或12个章节，引用的上文摘自第7册第3章。

流动花匠和花贩

大多数中国人的性情像欧洲人那样沉静。他们几乎不外出，即便是锻炼，或看看城里发生了什么事也如此。因此，他们的商贩不会发大财，而且不管卖什么，都要扛着货物在大街上吆喝。听到吆喝的女人会把小贩叫进屋来，购买她们想要的家庭用品和娱乐用品。

中国的花贩和我们的不同，没有小手推车，也没有马或驴拉着、驮着筐篓来展示商品。他们用肩膀挑着竹扁担，两头各挂着一块木板。这个扁担很轻，又结实又灵活。当他们觉得一侧肩膀累了，会聪明地把扁担从脖子后面滑到另一边。

中国的花园不以精挑细选的罕见植物而闻名。正如先前所讲，他们唯一的目的在于小规模地模仿自然。种花的人把花瓶放在阳台或房间里。他们宁愿收集本地的矮树，也不要昂贵的异域植物。

中国花匠将小枝变成矮树的方法如下：从一根结出果实的树枝上剥下一圈大约1英尺宽的树皮，把这部分埋进泥土里，然后盖上一块草席。上面悬挂一个底部有小孔的壶。水通过小孔一滴滴落下，以此保持土壤的湿度。新的枝干会从树皮被剥的地方破土而出。第一次抽枝是在春天，一直保持到秋天。这时人们将这段枝干切断，移到一个坛子中或者一块空地上，下一年就会结出果实。

花匠仔细地砍掉这些矮树的树梢，促使它们长出横向的枝干。他们将这些枝干用铜丝绑起来，按照他们想要的样式来塑造它们。如果他们希望树看起来小巧、腐烂，就会将其多次敷上糖浆或蜜，吸引上百万只蚂蚁。蚂蚁不仅会将蜜糖吞食干净，而且会毁坏树皮，让它看起来像腐烂了好几年一般。

他们不只选择橘树、苹果树这样的果树，还频繁地用小橡树、松树和冷杉来装饰阳台，这些树最多两三英尺高。中国人专门培育灌木和有香气花朵的植物。他们特别喜欢能悬挂在空中的植物。这些植物只从空气中吸入养分，如康乃馨，还有石竹、玫瑰、晚香玉、双层茉莉、罗勒、雁来红和山茶花，这些花与茶树、夹竹桃和桃金娘的花类似。

中国人以拥有各种各样的芍药属植物而感到自豪，他们称这种花为“牡丹”。诗人和画家在作品中对牡丹大加赞美。牡丹有240种，篱笆墙里的牡丹像灌木一样，灌木丛里的牡丹像橘树一样被修整。花园里全是牡丹，春、夏、秋三季，花朵不断盛开。

我们从中国引进了绣球花。马戛尔尼伯爵带回了几株，它们在英国迅速繁殖，并蔓延至整个欧洲。一位植物学家还用他爱慕的女士的名字为绣球花命名，可惜它

流动花贩

没有香味。这种花极其珍贵，这源于它淡淡的玫瑰红色、长长的花期、四季开放的特性及漂亮的花球。通常中国的花很少有香味。他们的紫丁香和我们的非常像，几乎没有香味，中国也不种植香料。

尽管从中国进口的画、刺绣、瓷器和橱柜上都有栩栩如生的绣球花形象，人们却认为它只存在于想象中。在伯丁先生的收藏中，我发现了一幅完美的绣球花图画。绣球花是否真实存在，是否在法国培育都非常值得怀疑。因为它的果实形状不同，在植物的自然科目中很难被归类。它更适合与金银花归为同一类，然而二者似乎没有很大的相似性。

两个世纪前，基歇尔神父关于"中国玫瑰"的描述，明显适用于绣球花，但其中的夸张描述严重地掩盖了事实。读者可能希望阅读这段描述，因此我引用了这位著名的德国耶稣会会士在《中国图说》中的段落，由德里格神父于 1670 年翻译：

> 中国玫瑰是如此美妙的花。当它被摘下再次固定在枝干上时，会在一天里变两次颜色。一次是漂亮的紫红色，另一次是精致的白色。它的光辉使人眼花缭乱，但完全没有香味。

作者接着进行了一连串几乎超出了智力范围的论证，来说明这些花的颜色变化是如何发生的。他断言花朵一个季节里会变两次颜色，在中国多变的气候里有可能变化得更频繁。斯特鲁维乌斯批评昆祚[1]神父笔下的"中国"只不过是作者的想象，而不是批评作者对中国玫瑰或者绣球花的描述。

令中国人非常自豪的另外一种花是荷花。这类花在印度教神话中很有名。据说他们的一位女神因为闻了一朵睡莲而怀孕。中国人虚构了关于伏羲母亲的类似神话。中国的荷花与睡莲差别很小。它宽大的叶子和蔷薇似的花朵在池塘平静的水面上浮动。它的果实像罂粟蒴果，我们认为它有害健康，无论如何不能作为食材。然而，中国人不这么认为，他们不仅重视它，还把它当作美味佳肴。

北京皇宫的大水池叫作小海[2]，里面种满了荷花，形成一道靓丽的风景。通往小海的道路是都城最大的一条公共道路，但却通向一个神奇的独居之处。荷花如同地毯一样在水面铺开，呈现出无法用语言形容的景象。

荷花不需要精心培育。宫里的花匠唯一需要做的就是在秋末掩埋所有的荷叶。

---

[1] Adolf Kunze（1862—1922），德国传教士，德国驻澳总督顾问，青岛信义会创始人。——译者注
[2] 御花园里的水池。——译者注

天气寒冷的时候，水面会结 1.5 英尺厚的冰，保护下面的根。在集市和街道上，人们不仅售卖荷花的种子，还卖荷花长长的茎。有趣的是，在宴席上，藕片会和夏天所有水果一起被端上来。据说它的味道像萝卜。

罂粟也差不多如此。在欧洲，罂粟仅仅是一种麻醉剂的原料，甚至是一种毒药的原料。然而在东方，人们却狂热地寻求这种植物。真正的罂粟来自东方。我们的气候太寒冷，罂粟汁液不能达到相同的功效。罂粟非但不会起麻醉作用，反而能使人产生幻觉，处于一种醉酒状态，而且经常会使人陷入疯狂。

罂粟的这种危险特性导致中国严禁鸦片，但是每年秘密进口的鸦片有 2000 多箱。1787 年，这些鸦片大约价值 18.8 万两白银。广州的一位地方官员发出了有力的声明——要抵制鸦片。他声称中国人应该醒悟，不应该盲目地追求这种危险的植物，放纵这种具有毁灭性的恶习，否则将造成可怕的后果。

中国的水果种类多样且鲜美多汁，人们将它们当作甜点。他们培育了很多种类的瓜，最有名的是哈密瓜。下面的评价摘自传教士晁俊秀神父于 1777 年 12 月 16 日在北京写给伯丁先生的一封信。

先生：

前些天，皇帝友好地送了我们一个哈密瓜。除了他的儿子和贵族们，他很少送别人这样的礼物。我已经把这种特殊的水果的种子晒干，立刻给您送了过去，这样它们一到法国就可以被种下了（种子还未到达）。

哈密瓜是哈密每年进贡的物品。虽然运输艰难，但这些瓜是用轿子抬来的，几乎没有受到任何挤压。皇帝留下 17 个哈密瓜，准备在冬天食用。中国的瓜十分美味，让人忍不住要把瓜皮一起吃下去。

酿酒者

接下来，我们要讲一下中国人酿造的各种酒。我们只谈白酒，中国人称之为烧酒。酒是用谷子或者野生大米泡在水里发酵后蒸馏而成，味道和度数类似于小莱茵河酒。经过蒸馏，它会变成一种很烈的透明的白兰地，但是有时会有一种焦臭的味道。中国人也喝烈酒。蒸馏两遍后，酒会变得极其浓烈。

中国的蒸馏装置和欧洲的蒸馏装置没有太大不同。将装置放在火炉旁边，用大火加热。蒸汽进入中央部分，被一桶水迅速冷却，水尽量保持冰凉，环绕着蒸汽。蒸汽在中央冷却后变成酒，汇集到一个槽里，然后经由一个管道流到一个容器里。

同样的，药剂师也利用蒸馏装置来调制一些药品，尽管这个国家的医生建议以简单的药物为主，而不是复合的药物。

由于中国的每个人都可以制药，而且不受任何监测，导致药物被严重滥用。中国大部分的处方药物极其简单，否则会更加致命。在街道和集市等公共场所都可以看到卖药的人，他们只卖通便的药和常备的中草药。这些简单药物和瑞士的外伤药很像。虽然这种外伤药被欧洲的江湖医生吹嘘得神乎其神，但是不管怎样，它不会对人体产生实质性伤害。

在下页这幅插图里，工匠把他的头发以一种特殊的方式盘在头上。在前后几幅插图里，我们都可以看到同样的发式。

使用蒸馏装置酿酒的工匠

肉贩

在中国，人们最普遍食用的肉是猪肉。它比欧洲的肉更健康，更美味。中国的火腿被高度称赞，在广州的外国人大量购买火腿。

中国人不仅在地上养猪，也在船上养。在船上养猪的人一般是渔民，他们用捕到的鱼的内脏喂猪。与其他家养的动物相比，中国人更喜欢养猪和鹅。因为它们更容易饲养，而且肉更可口，富含脂肪。

政府禁止买卖牛肉。做这种买卖的流动肉贩不得不吆喝自己卖的是羊肉。由于缺乏耕地用牛，中国人希望牛的数量不断增多。有时，如果某一省的地方官禁止人们吃肉，这种禁令也只是暂时的。这种公共斋戒一般是为了祈求降雨。中国人一般什么肉都吃，也吃野马肉，甚至是狗肉、老鼠肉和蛹。

中国的主菜是蔬菜炖肉，里面有很多草药或者蔬菜，放在漂亮的瓷餐具里，和肉汤一起端上来。所有的盘子或者碗的形状大小相同，宽、高几乎一致。每个桌子上有 20 个盘子，4 个一排，互相平行。摆完后会呈现一个规则的正方形。最好吃的菜是鹿腱和燕窝，这两道菜经常出现在盛大筵席上。夏季，人们把鹿腱晒干，然后放在辣椒和肉豆蔻里进行腌制和储藏。烹饪方法是将其在大米水里泡过后，放在肉汁里煮，然后再加各种香料。

有一种燕子，布丰[1]把它视为金丝燕的一种，中国人认为它的窝很美味[2]。在爪哇岛、东京王国[3]及交趾支那[4]的海岸有大量这种金丝燕。

金丝燕的窝很奇特。不仅中国人把燕窝看作美味佳肴，整个亚洲地区的人也都这么认为。燕窝平均重半盎司，和腌制的柠檬差不多重。刚拿出来的时候是白色的，晒干后会变得密实透明，有点偏绿色，和龙血树脂有些像。它的各部分是由一种钙化物质组成的，方式和我们的燕子用泥搭建巢的一样。

金丝燕要么用软体动物船蛆[5]搭窝，要么用有黏性的海草搭窝。一些博物学者无法解释它们的搭建方式，猜想金丝燕是偷了其他鸟的蛋，打破壳，把钙化物做成精致的巢穴。

幼燕一离开它们的巢穴，海边的当地人就会立即取走燕窝。他们的木船里全都

---

[1] Comte de Buffon（1707—1708），法国博物学家、作家，其代表作是《自然史》。——译者注
[2] 错误的说法。——译者注
[3] 越南北部一地区的旧称。——译者注
[4] 越南南部一地区的旧称。——译者注
[5] 英文名为 shipworm，又称凿船贝。——译者注

肉贩

是燕窝。燕窝可以用来做汤，但要加入调料。在索尼尼（Sonnini）、汤贝（Tombe）将军、荷兰海军上将斯塔万努斯（Stavorinus）等人撰写的《爪哇岛民间和军用草图》里，有一些关于燕窝的非常有意思的细节。这本书虽然仅是一个单册，但却很有趣。

来自暹罗、坎巴雅特[1]和中国东北地区的经过盐腌的熊掌和许多动物的脚都非常美味，但只有在盛大筵席上才能看到它们。它们的肉经常被切成薄片，因为中国人不用刀叉，而是用筷子，他们用得非常熟练。在第二卷“采漆”的插图中可以看到中国人吃米饭的方式。盛米饭的碗要高高地端到嘴边，用筷子把米饭迅速地送到嘴里。

[1] 即印度西北海岸的坎贝。——译者注

小贩和烟草商

本页插图中左侧的人物是个小贩。他没有用扁担那种有弹性的竹竿来挂商品，因为那不适合他的货物。这种流动商铺由一个绑着不同类型货物的竹架子组成，货物包括手绢、布片、绸带、手提袋和鼻烟袋等。架子中间用一根坚固的木棍支撑，木棍底部固定在地上。

我们应该观察一下这种方式。其他叫卖或流动的小贩都是用肩扛着货物。竹竿的弹性一定程度上减轻了负荷。当人行走时，竹竿的末端不断地弹上弹下。很明显，竹竿帮小贩减轻了一部分重量。如果竹竿僵硬、不可弯曲，就产生不了这种效果了。

右侧的人物是卖烟草和鼻烟的小贩，这两样东西在中国的购买量很大。

在中国，所有阶层、所有年龄的男人和女人，可能都会抽烟，有时甚至会在街上遇到手拿长烟斗的八岁女孩。烟斗的杆是竹子做成的，斗由高岭土做成。满族女性的抽烟方式和汉族人一样，在第一卷的插图中可以看到。北京的烟草很贵。人们抽烟时，经常在烟中加入其他有香味或有麻醉作用的植物，甚至加入鸦片。在印度和波斯，一些人为了被麻醉，会把火麻仁掺进烟里。

卖杂货的流动商贩（左）与卖烟草、鼻烟的小贩（右）

中国人也喜欢鼻烟，许多官员用一个小巧精致的瓶子装鼻烟。他们抽鼻烟的方式是把一些烟末放在左手手背食指和拇指之间的位置，用鼻子猛地吸入。同样的，据斯当东先生讲，就像他们以鸦片替代烟草一样，他们也以朱砂替代鼻烟。朱砂是一种掺杂了硫黄的含汞的红色氧化物，这种复合物非常危险。然而，这种盛产于中国湖南山中的被称为“朱砂”的东西，有可能只是红色的赭石，一种混合着高岭土的含铁物质。

西班牙鼻烟是一种赭石的制剂，其名称来源于它的颜色和油性。〔《西班牙的画》（*Tableau de I'Espagne*），布尔古安著，第2卷，第9页。〕几年前，欧洲的投机者希望把白水晶瓶引入中国，用来装鼻烟。但是，尽管它们制作精美，却没有买家。在中国，白水晶的需求不大，有颜色的玻璃更受欢迎。

在这一问题上，一位传教士评论道：“我们永远不能让那个民族屈从于我们的品位和思维。他们在广州仿照制造从欧洲带来的模型，而他们的反过来也被模仿。我们不会拒绝他们的礼貌。”

斯当东先生讲，欧洲人猜想，烟草是被人从美洲带到这片古老地区的每个角落的。然而，他们没有任何关于烟草引入中国的传说。很有声望的旅行家约翰·夏尔丹（John Chardin）先生得出了同样的结论，他不确定波斯的烟草是本土的还是外来的。他说：“然而，伊斯法罕[1]一位奇特的男人告诉我，他曾经读过一本挖掘苏丹城废墟时发现的《帕提亚地理志》，书中记载了一个大黏土瓮中有木质烟斗，烟草被切得很碎，切烟草的方式和阿勒颇[2]的土耳其人一样。这使他相信这种植物是从埃及传到波斯的，它在那里种植成功还不到四百年。”

中国也种植烟草。约翰·巴罗先生观察到广州有两种烟草。德金先生认为在这种气候下，烟草的高度可以达到或者超过殖民地的。他们在3月种植烟草，每棵烟草之间相隔1.5英尺。8月，烟草成熟。为了便于使用，他们把烟草叶子一片一片地压在一起，然后切成小片。

中国烟草的味道不太好，巴西烟草一般会更好一些。巴西烟草是从葡萄牙进口的，因此被称作“葡萄牙烟草”。同样，波斯人的“英国烟草”也是这种巴西烟草，只因它们最早是从英国进口的。

---

[1] 伊朗中部城市，伊斯法罕省省会。——译者注
[2] 位于叙利亚北部，西距地中海120千米，是叙利亚第一大城市。——译者注

修补匠

和欧洲的修补匠一样，北京的流动修补匠也会随身带着所有需要的工具。他们有一个便携式的小熔炉，用于焊接和修补。

在中国，风箱的使用很普遍。它由一块带有一些褶皱的皮革连接，不像我们的风箱有两块可移动的厚木板。中式风箱是木制的圆筒或方筒，里面有一个铁活塞。斯特拉博[1]认为，是著名哲学家阿那卡西斯第一个发明了风箱。如果情况属实，他一定是在旅行中，与当时的塞西亚人或者满族人交流时获得了灵感。第一批风箱一定和中国人如今正使用的风箱类似。

中国人在修补大物件时会用到熔炉。熔炉的形状与风箱相同，像一个箱子，里面有一个活塞。它的设计是这样的：往后拉时，箱子里变真空，空气从侧面的一个开口猛地冲进来，开口上面有一个吸盘。当活塞以相反的方向回来时，吸盘关闭，空气从相反的方向被推出去。气流不会中断，因为圆筒通常是由两部分构成的，当一侧吹气时，另一侧吸气。便携式熔炉活塞的末端有一个横向的小把手。修补匠用肘部用力推拉把手。

中国的铁砧和我们的不一样，它的表面是凸起的圆形。

随身携带熔炉、风箱等工具的修补匠

[1] Strabo，公元前1世纪古希腊学者、旅行家。——译者注

做各种生意的行商

在中国，有一种流动商人什么都会。他们能补瓷器、修锁和焊管子。他们有便携式风箱、铁砧、熔炉等工具和煤块。他们的所有行李都挂在扁担的一头，铁砧挂在另一头来保持平衡。

据说，修瓷器的人比我们的陶器修理匠更厉害。因为他们修理的是更贵重的物件，要价更高，这促使他们更加努力。他们的穿孔器不是铁质的，其有一个菱形尖头，用非常优质的铜丝穿过孔，器具就被修好了。

样样都能修补的行商

玩具商和纸马

中国小孩的玩具在很多方面和欧洲的玩具很像，是用彩色的纸板或者木头做的小东西，有小人、小动物、小房子、小船等。其中最奇特的一种是已经在法国南部省份流行了很久的玩具。这是一个纸马，中间有一个洞，马的身体周围围着布，没有腿。孩子站在中间的洞里，拉缰绳使马颈部活动起来，就像真的马一样。

在普罗旺斯艾克斯著名的圣体节游行中有类似的骑兵队，叫作 Chirvaoux Frux，即“嬉戏的马”。骑兵队由 9 或 10 个小孩组成，装扮成希律王的随从。他们骑在这些马上，跳到两边排成两列的观众前，把这些好奇的观众逗乐。

在巴黎，这种玩具广为人知，已经被引入剧院，在戏中代表骑兵的马。在英国舞台上，以这种玩具代表真实的战争，消除观众们身临其境的幻觉。表演正统戏剧的剧院决定不再采用这种幼稚的假物，他们在最近的表演中使用了真马和活象！说实话，一头活象可能会产生十倍的效果。马被驯服得极好，即使最挑剔的观众也会大加赞赏。

中国儿童在五六岁时开始上学。汉字很多，但是学校里的教学方法并不完善。如果他们不采用寓教于乐的教育方法，课程会十分复杂，令人生厌。

中国的书商卖带插图的启蒙读物。插图描绘了人们最熟悉的事物和最简单易懂的东西，如天空、太阳、月亮、人、植物、动物、房子和常用器具，插图下是汉语名字。孩子学了一些知识后，盖住图片，就能读出汉字。

我们的年鉴、路标和儿童画上通俗地描绘了太阳和月亮，奇怪的是，中国人看不懂这些图案。他们的画师不是用男人的脸代表太阳，女人的脸代表月亮。他们画的太阳中间有一只公鸡，月亮中有一只玉兔在舂米，就像第四卷中关于糖兔的插画一样。

当小孩功课学得不好或者犯错的时候，就会挨打，但不像我们的小孩那样要不得体地露出屁股——这种方法被英国很多学校采用，甚至对年轻人也是这样。中国的小孩挨打时会趴下来，排成列，挨 8 或 10 下竹板，但此时会穿着衬裤。中国学生是十分勤勉的，很少受到惩罚。他们很少有假期，唯一的假期是新年和仲夏的一周。

除了极少数信仰天主教、犹太教或者伊斯兰教的人，中国人平时没有宗教斋戒日，更没有为了公众信仰在特定时刻聚集的习俗。这是文明完善与进步的缺憾。不考虑宗教，而以安息日或者假日（如基督教徒的周日和穆斯林的周五）代之的制度，已经带来了富有成效的物质和道德成果，这对人类及政治统治都十分重要。

应当指出的是，中国人的玩具种类非常多，这并不令人惊讶。在过去的 15 至

18 年里，到过这个国家的英国人和荷兰人已经观察到，与最有趣的物理器械、光学器件、机械装置和钟表装置相比，他们更喜欢我们的只能取悦孩子的零碎物件，而对球面、燃烧镜和机械装置都没兴趣。他们一看到小机器人，或带有很多小人、由流沙控制运转的磨坊时，就会被深深地迷住。

孩子玩的纸马（左）与玩具商（右）

下车问候父亲好友的清朝年轻人

不管约翰·巴罗先生的推测多么精确，对中国人而言，与其说孝道是一种美德，不如说是一种训诫。在很长一段时间里，孝道具备同法律一样的效力。与其说孝道存在于人们的心中，不如说存在于政府的准则里。即便如此，这种令人尊重的美德仍然值得赞扬。

第123页的插图展示了中国人对长辈的尊重。他们不仅严格遵守法律和习俗所要求的，而且只要是父母珍视的，无论是什么，孩子们都很珍视。一位年轻人非常尊重他的父亲，因此专门从马车上下来问候父亲的好友，以示尊敬。

这个帝国所有的法律章程都有利于增强父母的权力，让人们更加遵从孝道。父亲对他的孩子有生杀大权。有的人认为杀死那些刚出生的孩子是合乎情理的，因为法律在这个问题上沉默，而且他们也养不起那些孩子。我们或许应该在最后解释下，在不同情况下，政府采取了预防措施来阻止这种野蛮的行为，拯救那些可怜的受害者的生命，使他们不会受到父母的漠视。法律和习俗没有强制父母保留孩子的生命，但强制孩子赡养年老的父母。

一位中国作家说："这种顺从与无限谦恭是十分自然的。如果没有我的父母，就没有我这条命，因此我对他们非常感激。一个母亲不会在意怀孕时遭受的不便和痛苦，也不会在意生产过程中随时可能面临的生命危险。是什么促使她坚持把孩子生下来？难道不是她对婴儿的爱？没有什么比婴儿的笑更能让她快乐。他哭了，她不断寻找原因；他病了，她满是悲伤；他冷了，她立即给他添衣服；他饿了，她赶紧喂他吃的；他想走路，她亲自扶着他；他弄脏了自己，她帮他洗干净，再脏再臭也丝毫不会感到厌恶和不满。别人送给她礼物，她立即和她的宝贝孩子分享。她觉得自己已经得到了回报，即便是短暂的微笑。简而言之，母亲的爱是无以为报的。因此，没有什么可以超过父母给予孩子的爱。相应的，一个好孩子应该感激父母，一切遵从父母，尽最大努力孝敬父母。"

东汉时期有个叫黄香的小男孩，九岁的时候母亲去世了。他感到悲痛欲绝，于是加倍孝顺父亲。夏天，他把父亲睡觉的枕簟扇凉；冬天，他以自己的身体来暖热父亲的被褥。地方太守被这个小孩子的孝顺深深地感动了，于是树立了一个永久性的牌坊来表彰黄香，鼓励众人效仿。

中国的文人认真地收集了无数著名的孝行事迹。里面很多人物是真实存在的，但也有一些是有争议的，或者混杂了近乎不可思议的事情。下面，我们仅仅讲述那些被中国史学家认为是真实的事迹。

王裒非常爱他的母亲。母亲去世后，他在一个棚屋里哀悼了三年。在守孝期间，他通过作诗来怀念母亲，这些诗被后人视作孝顺父母的典范。三年的守孝期后，他回到先前的住所里，并没有忘记孝敬之情。他的母亲生前非常怕打雷，打雷时经常叫儿子不要离开她。因此，一旦暴风雨要来，他就立马跑到母亲坟前，轻声安慰“娘，我在这儿”，好像母亲能听到似的。[1]

一位叫作郑兴（Tsi-King）[2] 的非常富有的低调绅士，用尽各种办法来治疗生病的母亲。他听一些庸医说，得了绝症的病人吃人肉可以彻底治愈，他便毫不犹豫地从腿上割下一块肉，把肉清洗后烹饪，这样他的母亲就尝不出来是什么肉了。肉端给了母亲，但母亲没有力气吃就死了。孝顺的郑兴对母亲的去世感到万分悲伤。

年轻的唐氏有一个年迈病弱的婆婆。婆婆只剩一颗牙，吃东西非常费力，唐氏就用乳汁喂她，白天喂几次，晚上也起来喂。她如此用心、孝顺，婆婆和她在一起时觉得非常放松，就像婴儿在奶妈面前一样。媳妇的孝顺让老太太又多活了几年。老太太死前召集所有的亲人，当着他们的面感谢唐氏的细心照顾，眼含泪水要求所有的家人像尊重她一样尊敬唐氏，当唐氏年老时，孙子和孙媳妇也要像唐氏孝敬婆婆一样孝敬唐氏。[3]

一个叫杨香的年轻女孩，15 岁那年在一个荒僻的地方帮父亲种地时，一只老虎突然从附近的树林里跑出来，扑向她父亲，要把他吞吃掉。杨香吓坏了，但孝心给了她力量。她抓起刀子，扑到老虎身上。庆幸的是，女孩在老虎伤害父亲之前杀死了它。这只可怕的老虎抓伤了她，但是她一点儿都不觉得疼，直到父亲指出伤痕时她才意识到。[4]

李氏(Li-Tsee)很尊重父亲，在父亲与母亲断绝关系时，没说一句抱怨的话，可是她忍不住伤心。她努力转移悲伤，但是有时眼泪会止不住地流下来，连晚上睡觉也会流泪。她因悲伤吃不下东西，日益消瘦。她的父亲终于被她感动，让她把母亲接了回来。

一个叫李亨（Li-Hin）的年轻人，他的母亲失明了。听说舔眼睛可以使盲人重获光明，他便从早到晚一刻也不停息地做。尽管还没有效果，但是他一直坚持。两年后，不知是因为方法有效，还是其他原因，他的母亲终于恢复了视力。

[1] 来自二十四孝中“闻雷泣墓”的故事。——译者注
[2] 郑兴（唐），永安县永安堡（今孝义市大孝堡乡）人氏。古代孝子。——译者注
[3] 来自二十四孝中“乳姑不怠”的故事。——译者注
[4] 来自二十四孝中“扼虎救父”的故事。——译者注

下车问候父亲好友的清朝年轻人

唐朝，有一个叫卢崇道（Lon-Tsao-Tsong）的人，因为触犯国家法律而获罪。他逃到朋友娄南新（Lou-Nan-Kin）的家里避难。被人发现后，娄南新因匿藏罪犯被关进了监狱。在准备判刑时，他的弟弟来到审判官前说："我窝藏了罪犯，被判死刑的应该是我，而不是我哥哥。"而娄南新声称是他藏匿了犯人，不是他弟弟，他弟弟说的都是假的。审判官竭力盘问，发现娄南新弟弟的证词前后矛盾。最终他承认是出于善良撒了谎。"唉！"他说，"我必须这样做，我们的母亲死得早，我们连葬礼都办不起。我们还有一个待嫁的妹妹，只有我哥哥能为她准备嫁妆。我还小，应该替他去死。青天大老爷，求求你接受我的证词。"审判官被他的孝悌行为感动了，于是上报朝廷。最终皇帝赦免了他们的罪刑。

一个叫侯仑（Ho-Lun）的人，十分怀念他去世多年的父亲。一天晚上，他被一个盗贼惊醒。盗贼拿走他所有的东西，他一点都没有反抗。直到看到盗贼准备拿走铜制的煮锅时，他说："求你行行好，把它留下吧，我要给母亲做早饭。"这个贼感到十分惭愧，不仅留下了煮锅，还留下了所有东西。盗贼离开时说："偷盗一位这么孝顺的儿子，我会遭报应的。"据说，从此以后，他便改掉偷盗的毛病。

从这些中国人和传教士的作品里，可以列举许多类似的奇闻异事。两千年来，中国出版的关于孝道的书都能充满一个巨大的图书馆了。这个民族的道德家不仅仅收集这些故事，还让他们的子孙后代效仿，让孩子们知道他们对父母的责任，通过认知传统来孝顺他们的父母。

孩子们不能取与父亲和祖先相同的名字，这是中国人的偏见。他们认为这样是对父亲和祖先不敬。这种观念和古希腊人的观念完全相反。古希腊人不仅给孩子起父亲的名字，还给他们起祖父的名字。

按照中国人的习俗，儿子外出时会告知父亲，回来时会再次看望父亲。在父母面前，孩子不能谈论年老或由于年老而生病的话题，即使他们的父母还处于壮年，离"老"这个令人畏惧的时期还很远。

子女在父母还在世时不能过度悲伤。当他们的父亲为一些亲人服丧时，他们不能弹奏乐器。父母生病时，他们也必须放弃音乐及任何娱乐形式，当然也包括身着华丽的服装。

如果一位父亲要求儿子做他认为不公正或不合适的事情时，儿子只有三次抗议的权利。儿子的唯一回答一定是"我服从"。如果他希望父亲或母亲改正某些缺点，他必须非常尊敬、温和地去暗示他们。当儿子与父亲外出时，他必须位于父亲身后，保持一步的距离。每天早晨天刚亮，公鸡打鸣时，儿子就要给父母端水洗手，递给他们衣服，即使是最小的事也要表达他们的祝福。这些义务达到了极端的地步。如果妻子惹父母不悦，儿子一定会与她断绝关系。

皇帝也不能免除尽孝和服从兄长的义务（前文已讲过，皇位的继承不是以长子的身份为基础的）。为了让母亲开心，他会做任何事。为了表达对母亲的尊敬，皇帝在每年的第一天会为母亲举行隆重的仪式。臣子对君主的义务和子女对父母的义务相似。孝道在中国被广泛提倡，也随之产生了奴役思维，这体现在中国人向君主致敬的方式上。

然而，一些传来有关中国人孝道图片的传教士认为，这种孝道已经成为了一种陋习。不管是非对错，儿子盲目地支持父亲争吵。如果仇人用暴力让他家破人亡，他一定要为父亲的死而复仇。家族之间的争斗由此产生，并且一直延续到今天。

一旦了解中国人固有的这些观念，我们就不会对一些情况感到惊讶，如儿子违背孝道（不是杀父母的罪行，在中国这可能从没发生过），会被认为是最严重的犯罪，并会受到相应的惩罚。

子女所尽的义务，不仅限于父母生前，甚至还延伸至父母死后。以前，服丧要持续 3 年时间，现在压缩到 24 个月。在服丧期间，他们不得担任任何公职。官员一定要放弃所有一切，除非皇帝命令他免除服丧，回来履行职责。

在服丧的第一阶段，孝服是由一种未漂白的粗麻布做成的。帽子是同样的材质，由一根带子缠着。

在第二阶段，衣服、帽子和遮腿的布都是白的。

在第三阶段，他们的衣服可以是丝质的，但是鞋子必须用蓝布做成。

由此可见，中国人并不认为黑色代表悲伤，他们也不经常使用黑色。和我们穿长袍的绅士地位相当的地方官员穿紫色的衣服。

在中国，葬礼是非常壮观的，一个家庭可能会耗尽死者留下来的所有遗产举办葬礼，这已成为惯例。当子女因贫穷而不能承担相应的葬礼费用时，他们会把棺材放在地面保存几年。因此，棺材要做得非常结实，并且涂上厚厚的乳香脂，以掩盖尸体发出的气味。

很多棺材都是由名贵的木头做成的，价值为 100 到 500 皮阿斯特[1]。人们十分看重死者最后的住所，这导致许多中国人在活着时就为自己购买棺材。在专门的店铺里有很多待售的棺材，每个人都可以去为自己挑选。棺材被认为是最重要的礼物，可以由儿子送给父亲。

一些英国人赞同中国人为自己准备棺材的奇想，比如霍雷肖·纳尔逊（Horatio

---

[1] 货币单位。——译者注

Nelson）。他是国家的荣耀，海上的敌人对他都闻风丧胆。他在著名的特拉法尔加战役中丧命。纳尔逊在世时，经常带着他的棺材，里面装着阿布基尔海战中被炸毁的法国舰队司令舰船桅杆的一部分。

在将父母的尸体埋葬或送到乡下祖坟之前，中国人会先将其停放在专门修建的亭子里。每当有亲人或朋友来凭吊死者时，女人和孩子们就会放声大哭。仪式结束后，一个亲戚会请所有参加葬礼的人到附近的大厅，那里已经摆好了茶水和食物，他们离开时会被礼貌地送出门。丧礼那天，演奏音乐的人在队伍前方带路，后面几个人举着象征死者尊贵身份的标志，包括各种动物形象、人偶、伞、蓝色和白色的条幅及香料。

有时，棺材上盖着华盖，由大约20个人抬着。和尚走在前面，子女跟在棺材后面。主持仪式的长子身披粗布麻衣，手拿拐杖来支撑身体，其他子女和亲人身穿布袍。女人们坐在轿子里跟在后面，不停地抹眼泪，发出叹息声和哭声。哭泣开始和停止之间有精确的时间间隔，一旦开始哭泣，所有的女人都会立刻抑扬顿挫地大哭起来。这不幸地证明了这种悲伤往往是假装的。

棺材要埋在一个非常干燥、通风和充满生机的地方。他们幻想，如果死者非常满意这个墓穴，他的家人就会获得很多好处。陷入贫穷的子女则会把贫穷完全归因于父亲的墓穴位置不好，然后将其迁到一个好地方。令人难以置信的是，一些骗子通过发现适合埋葬的山川位置而谋生，还会因此得到很不错的报酬！

他们会在墓穴里填满土并掺杂优质的石灰。之后，举行奠酒祭神仪式，在坟前和周围插上有香味的蜡烛和长纸条。正如我们已经讲过的，还有一种情况，他们会烧那些剪成人、马、衣服等形状的纸，坚信死者会在另一个世界里收到孝敬给他们的真实的东西。仪式以一篇在华盖下的怀念死者的祭文结束，随后设宴就餐。

从前，皇帝和重要人物的葬礼不仅要烧纸人和锡人，还会活埋奴隶，甚至一些小妾。我们确信大约在17世纪中期，顺治皇帝在他最爱的一个妃子的墓里陪葬了大约30个奴隶[1]。

对死去祖先的孝心和尊重不仅体现在服丧和葬礼上，每年还会举办另外两个仪式。

第一个仪式在春天举办，地点在祖宗祠堂。据传教士讲，这种专门为纪念先人而建的大厅叫“祠堂”，德金先生说这也叫“祖庙”。人们在那里修订家谱，有时家谱中涉及七八千人。这里是不分等级的，工匠、苦力、文人和官员混杂在一起，或只按照年龄顺序排列上下席位。

刻有逝者名字、品行和生卒年月日的牌子叫作“灵位”，也就是灵魂的栖息地。

---

[1] 此处的奴隶似乎应为仆人。——译者注

当所有的亲戚聚齐时，最富有的人会准备盛宴，摆在为逝者准备的桌子上，好像他们还活着一样。没有人会去碰供奉给逝者的肉、水果和酒。除了这些供品，亲戚们还会准备一块大概三码长的丝绸，上面写着和牌子上相同的字，只不过会省略“位”上面的点。这有特殊的意义，在仪式中，这个点要由当地最杰出的人士添加。中国人相信，这样会请来逝者的灵魂和他们相聚。

除了这个在春天举行的仪式外，另一个仪式在每年四月举行。每年的这个时候，子女们都会来扫墓。不管旅程花费多少，子女们从未忘记这一责任。首先，他们要清除坟墓周围的野草灌木。然后仪式开始。人们在坟上摆上祭祀的肉和酒。《爪哇岛民间和军用草图》中记录了非常有趣的细节，且不乏趣味。

在中国人著的《传家宝》[1] 中有一条关于家族集会目的的明智训诫。大意为，在聚会时，亲戚与家人或者陌生人发生严重争论要认真对待。如果发生的话，要坦然说出是争论什么，并请求建议。每一个人会根据自己的辈分，自由地提出建议，并且说出原因，来阻止争论，达成和解。

总之，家族成员聚集的所有庄严仪式都有实际的目的，比我们的新年拜访更加明确。我们的拜访只是无趣的仪式，而且很多人是通过留卡片的方式来拜访和回访的。

---

[1] 清代文人石成金所著。——译者注

理发匠

在街上最常遇到的工匠就是理发匠了。为了招揽顾客，他们拿着一种小铃铛，不停地摇晃。这种铃铛是由铁做成的，有两层，都是弯曲的。事实上，这种铃铛的演奏方式有点像钢音叉[1]，乐队的指挥用它们来调出精准统一的 la、mi、la 的音。

有顾客时，理发匠会就近开始干活，有时甚至在大街上，或者在公共广场上。他负责剃头发、清理耳朵、梳理眉毛。在亚洲，理发匠最经常做的是理发。拉伸四肢、用手掌轻刮可以促进血液循环，使肌肉更强健、更柔韧。理发匠一般能得到 18 钱[2]的报酬。

中国人按照满族人建立统治时规定的方式编头发。除了枕骨部位留着头发外，头上其他地方的头发基本上被剃光。头发被整齐地编好，经常用一根带子系到头顶。胡子同样要刮干净，有时上唇留有胡须。

德金先生说："中国人希望死的时候能带着自己身上的所有东西。有人坚持把剪下来的胡子和指甲收集起来，带到墓里。"

理发匠做完一单生意后，会再次走街串巷，肩上挑着所有的东西。一侧是工具，里面有剃刀、剪刀、盆等。（在这里我们可以注意到，中国人的剃刀和我们的不同。它更短，前端完全是方的。）另一侧是一个装满水的大圆竹桶，水桶上面的竿子上挂着毛巾和磨刀用的皮带。

[1] 呈"Y"形的钢质或铝合金发声器。各种音叉可因其质量和叉臂长短、粗细不同而在振动时发出不同频率的纯音。——译者注

[2] 1 文钱 = $\frac{1}{1000}$ 贯 = $\frac{1}{1000}$ 两白银。——译者注

摇铃招揽顾客的理发匠

卖小丑玩具的小贩

马戛尔尼伯爵告诉我们，交趾支那人[1]玩毽子游戏时，不用球拍，也不用手，而是用脚踢。据我所知，没有旅行者提到过中国有这种游戏。

下页插图来自伯丁先生得到的一幅画，其展现了一些中国农民用这种方式娱乐的情景。他们经常一次踢三四个毽子。

毽子由一块卷起来的皮革做成，用绳子绑着。底部压着三四个铜币，来增加下方重量。其中一个铜币有三个孔，每个孔里都插着羽毛。羽毛向外倾斜，就像我们的羽毛球，但不同的是要用脚去踢。中国人和越南人的鞋子比我们的更柔软，因此脚趾更灵活。这就是为什么在一些工作中，比如转动瓷轮时，他们脚的运动能够发挥优势。中国人经过练习，双脚能辅助双手完成上述动作。

插图里的玩具小贩拿着一根竹竿，上面挂着像小丑的小玩偶，和欧洲卖的小丑玩具很像。

[1] 交趾支那位于越南南部、柬埔寨之东南方。法国殖民地时代，该地的法语名称是 Cochinchine，首府是西贡。——译者注

踢毽子的中国孩子与卖小丑玩具的小贩

用百英尺长丝带表演的杂耍人

中国人和印度人双手灵巧，擅长杂耍，尤其是平衡术。这让欧洲旅行者非常惊讶，因为在平衡术里是不可能有任何假动作的。

在《塔维涅游记》（*Tavernier's Voyages*）一书中，我已经尽力解释了印度杂技演员最离奇的表演。塔维涅描述了这些表演，并把它当成魔法，也这样告诉了他的读者。这种把戏就像在地上种植物，植物在众目睽睽之下长大，长出一株芒果树。它被人血润湿，最后开花结果。

中国杂耍人表演的把戏几乎一样。这幅插图的主角可以让百英尺长的丝带在空中长时间飘舞。它的独特和困难之处在于，用不同的动作使丝带以各种方式飘动起来，而且只用一只手，还不能让丝带的任何部位落到地上。表演者唯一能做的就是两只手可以不断地传递连着丝带的棍子。

用百英尺长丝带表演的杂耍人

卖风筝的人

中国风筝和欧洲的不一样，经常会做成鹤的形状。在中国，风筝叫作纸鸢。如下页插图所示，中国人会制作各种形状的风筝。有的是飞翔的乌龟，代表传说中的伏羲；有的是海蛇；有的是有翅膀的飞人；有的是北京的大钟。插图中风筝下方是放风筝时用的线轮。最下方是一个同样可以放飞的装置，由两个大小相同的正方形构成，一个叠在另一个上面，样子如同散发着八束光的星星。为了保持平衡，风筝下面连着三条带子，就像我们风筝的尾巴。

这些风筝一般是用非常薄的纸做的，为保持稳定，会连着一根长尾巴。中国有的风筝没有尾巴，非常独特，其重心在风筝的中心上部来保持稳定。

法语的“风筝”（Cerf-volant）一词很有可能来自一种四足动物。英文的“风筝”（kite）同样来自一种鸟。在法国《铭文学院回忆录》（*Mémoires de l'Académie des Inscriptions*）第 30 册第 148 页中有古代风筝的样式，和北京的风筝非常像。

中国的风筝最初源自黄帝的飞车。战胜敌人后，黄帝认为逃跑的人为了躲避追捕藏在浓雾里。当时他的军队行军也很艰难，因此，他命令一个神奇的车子飞上天空，为他们指引南方和其他基本方位。黄帝的飞车是指南针的源头，这是一种比风筝更重要的发明。事实上，中国人不像我们一样认为磁针指向北方，而是认为磁针指向的是南方。虽然实践上差不多，但理论上差别很大。

中国人满怀崇敬地怀念黄帝，其对中国人而言就像伏尔泰所说的那位法国老国王——唯一一位永远活在人们心中的帝王。

中国风筝能飞到惊人的高度。皇子，甚至皇帝本人，都很重视这一娱乐活动。当风很大时，牵着线的皇帝会突然放线，捡到风筝的人会得到报酬。

我们不能草率地认为放风筝这项娱乐太孩子气。我们都知道，富兰克林把有金属尖头的风筝用铜线放飞到暴雨云层中，以此发现了电和雷之间的奇妙联系。一个飞在空中的普通纸风筝向他揭示了这个秘密，并启迪他发明了避雷针。

1798 年远征埃及时，人们用一个大风筝准确测量了亚历山大港著名的庞贝柱。这个纪念物与图拉真柱[1]和奥斯特利茨柱相似，人们准备在巴黎凡登广场将它竖起来。该立柱是由一整块花岗岩做成的，内部没有楼梯。据一些作家讲，这个圆柱不是用

---

[1] 位于意大利罗马奎利那尔山边的图拉真广场，为罗马帝国皇帝图拉真所立，以纪念图拉真胜利征服达西亚。该柱于公元 113 年落成，属于多立克柱式，以柱身精美浮雕而闻名。——译者注

卖风筝的人

来怀念庞贝，而是为了纪念塞普蒂米乌斯·塞维鲁[1]的。

为了达到顶部，首先要把一根非常结实的缆绳连到柱顶。他们把风筝放飞到大约4英尺高的地方，当它穿过柱顶时，就会掉进滑轮的凹槽里。风筝线的末端连着更结实的第二根缆绳，接着是第三根，足以承受超过一个人的重量。通过这种方式，一个水手被吊到顶部，在螺旋柱上绑一些绳索，安装千斤顶（由一组滑轮构成的装置）。建筑师诺里（Norry）先生坐在小座位上，被绳索吊起来。普洛丁（Nrotin）先生也是被这样吊起来的。这样他们就可以轻松地丈量圆柱。圆柱的总高度是88英尺6英寸。最后，许多英国水手用同样的方法到达这个位置，以喝一碗宾治酒的特殊方式，致敬他们国家空前的海军实力。

有时，男孩们把圆纸片推到绳子顶端来自娱自乐。这些圆纸片非常迅速地旋转上升，他们把这叫作信使。有人建议，可以用这种发明向被包围的城镇传递消息，或者从被包围的城镇向外传递消息。

为了达到这个目的，可以放一只用塔夫绸[2]做的大风筝或机械鸟，当它到一个固定的点时可能会停下。然后通过扣动扳机，卸下一块机械装置，使它停下来并落下急件。同样地，这只鸟可以安上翅膀，回到出发时的地点，执行下一个任务。

最近，人们在巴黎的马尔波夫花园进行了关于这些机械鸟的实验。实验十分成功，但是由于表演的有趣程度不值这么高的票价，而且机械师在传单上许诺的很多东西都没实现，导致观众强烈不满。结果，虽然实验已经证明它非常实用，但不幸的是，也许再也不会进行这些实验了。传单上模棱两可的字句让许多观众以为机械鸟是自己飞到空中的，并可以听从命令飞向任何地方，不需要人的支持。

---

[1] 塞维鲁王朝开创者，公元193年4月14日成为罗马皇帝，在位至公元211年逝世。他是首位来自非洲的罗马皇帝。——译者注

[2] 用优质桑蚕丝经过脱胶的熟丝以平纹组织织成的绢类丝织物。——译者注

中国烟火

小贩会向人们展示烟火。比如，有时他们会展示用纸板做的雕像，里面装满了火药，火光从它的眼睛、鼻子、嘴巴和耳朵里冒出来。

中国有手艺精湛的烟火制造工人。乾隆时期，英国和荷兰公使团觉得这些烟火没意思，可能是因为他们看到的烟火是在白天燃放的，这极大地影响了烟火的效果。

他们看到的最不同寻常的就是灯笼雨。把一个大盒子放在很高的地方，夹在两根柱子之间，底部似在无意中打开，掉下来很多纸灯笼。这些纸灯笼从盒子里出来时是折叠着的、扁平的，降落时展开，一个一个分离开来。每一个灯笼开始时都是普通的样式，但它们会突然间光芒四射，五彩缤纷。我不知道这是不是幻觉，或者这些灯笼中是否有含磷的物质，因为磷可以在没有任何外力的情况下自燃。

灯笼雨重复表演了几次，每次都不一样，不仅形状上有变化，火花的颜色也有变化。大盒子的每一面都是更小的盒子，它们以同样的方式打开，样式不一，掉下来许多灯笼烟火，像抛过光的铜一样闪亮，风吹时像闪电一样闪烁。整个表演的结尾是效果最壮观的火山烟火。

和纸板人摔跤的人和敲锣的人

中国演杂技的人特别善于保持平衡。有时，他们在手腕上放一个瓷罐，变换各种姿势，转动手臂，瓷罐也能自然地随之移动。英国使团中的亨特先生描述了一个平衡表演。

一个人躺在地上抬起腿，双腿张开。鞋底上放着一个圆柱形大陶瓶，瓶高 2.5 英尺，直径 6 英寸。他以惊人的速度旋转花瓶。接着一个孩子站在上面，表演各种各样独特的姿势。之后，把观众吓一跳的是，小孩子滑进了花瓶里，还把头露出来。如果动作稍有差池，花瓶一定会掉下来。从它巨大的重量来看，这个人和小孩可能会一起被砸到。

中国杂技演员可以平衡轮子，还能很危险地跳起来，并且和我们最熟练的踩钢丝演员一样能保持平衡。在同一场表演上，杂技演员每只靴子上绑着 3 根小棍，手拿 6 个直径大约 18 英寸的瓷盘，使它们分别在小象牙棒上旋转，然后放在靴上的 6 根棍上，让它们一直旋转。之后，表演者左手拿两根小棍子，旋转另外两个盘子，并在右手的小指上也放一个盘子。这样他就一次平衡了 9 个盘子。这些盘子都好像是自己在旋转一样。几分钟过去，他把盘子再一个一个拿下来，重新放在地上，其间没有出现意外或中断。

中国人在摔跤和拳击中也很有天赋。有时，他们会用假人，这会引起观众热烈的喝彩。在摔跤比赛中，假人（纸板人）或玩偶会突然出现，像真人那么大。这一幕一般会出现在远处，越模糊越好，这会让观众感觉更加逼真。摔跤手像和一个真实的对手对打一样。他假装用很大的力气抓着纸板人，把纸板人扔到地上，接着假装很用力地再把他拉起来，这会引起观众大声欢呼。

和纸板人进行摔跤表演的人（左）与敲锣的人（右）

玩偶表演

中国人很喜欢看玩偶表演，因此，这项表演越来越成熟。他们会表演小型的滑稽剧。和欧洲的玩偶表演者相比，中国人在街上表演玩偶的设备更简单，没有比他们这种更简易便携的“剧院”了。

一个人站在凳子上，完全被一块蓝布遮住，头顶上有一个箱子或平台代表剧院。和我们的玩偶表演者一样，他把食指和拇指放进玩偶的套筒里，然后移动玩偶。在这些奇怪的表演里，不了解内情的观众很难明白，台上的小丑和其他人是如何灵敏地移动棍子的，而且移动得那么快却又不会掉下来。木偶戏或者大型玩偶是通过线来移动的，这很难做到。

中国的玩偶表演都是善意的、有趣的，就像青少年娱乐。官方非常注意这一点，不让不得体的言语冒犯他们纯洁的耳朵。英国和法国的玩偶表演就不一样了，他们的玩偶表演是演给孩子和下层社会的人看的，年老的人认为它们不值得观看。必须承认，我们的玩偶表演仍然能够非常聪明地吸引人们的注意。但令人遗憾的是，在欧洲的玩偶表演中，存在大量不适合年轻人的言语。

在中国，所有阶层的人都用玩偶表演取乐。因此可以想象，在英国大使面前，中国皇帝不会忽略这个表演。

约翰·巴罗先生说，马戛尔尼伯爵在他的私人日记里提起过这样一段表演：“在一个玩偶表演里，一些很像宾治和他的妻子、班德莫和司卡拉木什的角色承担了主要戏份。听说玩偶表演本来是闺房小姐们的娱乐节目，破例拿出来让我们欣赏。其中一场表演得到了很多掌声，我知道它在宫廷里很受欢迎。”

康熙皇帝在（多伦诺尔）草原与喀尔喀汗王及哲布尊丹巴会盟时，就安排了玩偶表演。喀尔喀汗王从没见过这样的节目，十分惊讶，甚至忘记了吃东西。没有人可以无视这些表演，除了哲布尊丹巴。他不仅不碰摆在面前的食物，也不看表演，似乎认为这种表演玷污了他的圣洁。他的眼睛盯着地面，整个就餐过程中神情严肃。这些细节摘自张诚神父的记叙，当时他一路陪同着皇帝。

玩偶表演

扮成女人的小丑在划旱船

上文提到了纸马，它们表达了人们对真实生活的幻想。中国人还有另外一种更夸张的滑稽表演，那就是在地上模仿划船。

一个男人打扮成女人的样子，表演着怪诞的哑剧。他坐在纸船的中间，纸船有一个盖子。这个盖子的开口刚好能容纳两条腿，底部是开着的，脚能自由活动，可以去任何地方。这个表演没有欺骗性，因为可以立刻被看穿。但是小丑把假肢放在他面前的船盖子上，看起来很像身体的一部分，人们就觉得好像船会自己移动。

巴黎的狂欢节上曾经上演过一场与之相似的滑稽戏。一个人坐在篮子的中间，篮子底部有一个孔。这个篮子像是被一个戴着面纱、胳膊交叉放在胸前的女人提着。第一眼看去好像是一个老妇人的篮子里提着半个人。

中国也有走钢丝的演员，但是他们不太擅长这种表演。德金先生讲过走钢丝表演：8个打扮得像女人的中国人，身上穿着短马甲，头上系着丝带，看上去像年轻女孩的头饰。他们站在棍子上，棍子插进大轮子的圆轴。轮子转动时，他们始终保持直立，其他的表演者爬到桅杆的顶端，在其间的绳索上来回走动。

扮成女人划旱船的小丑

器具

中国服饰与艺术 第四卷

室内的妇人和她的孩子们

对于德旁（De Paw）聪明却充满错误的《关于埃及人和中国人的研究》（*Research on the Egyptians and Chinese*），机敏的钱德明神父在《回复德旁》中指出："很多作家断言，中国女性不敢反抗父母的权威，其地位与奴隶相似。但如果从整体考虑的话，女性在中国会享有更多的声望、照料、权势和力量来确保她们一生幸福。虽然她们作为女儿要遵从父母，作为妻子要顺从丈夫，作为寡妇要听从儿子，但父亲、丈夫和儿子会把一切最贵重的东西交给她们，家庭事务完全由她们掌管。女性未经允许不参与家庭之外的任何事情，除了让她们痛苦的事情，她们只需消遣玩乐，而且无须掩饰。如果那些信口雌黄的作家得知这些，一定要可悲地准备反驳了。《圣经》中的图画对犹太人这方面举止的描绘，与中国人很像。"

很多读者试图证实这种观点是自相矛盾的，然而一位多年前在欧洲旅游的亚洲人证明了事实就是如此。

米扎·亚伯·泰勒·罕（Mirza-Abou-Taleb-Khan）出生于欧德（Oude），父母是穆斯林。他在东印度公司工作，1799 年来到伦敦，在宫廷和其他地方见到了与众不同的礼仪，之后在 1801 年离开。在伦敦，他用波斯语写诗，用母语写散文，对比英国女性和亚洲女性的自由。他富有洞察力地列举了很多独特的例证。

米扎·亚伯·泰勒·罕将我们欧洲高贵的生活方式归因于高昂的房租、小面积的房间及大量仆役的巨大花销。在东方，这些花费很少。他认为，亚洲女性在家中最好的地方活动，丈夫不会时常去打扰她们，也不会窥探她们，更不会控制她们的一举一动。如果她们有女性友人来做客，丈夫还要在他的私人房间用餐，不能去女性们活动的地方。对丈夫而言，在私人房间中才享有无限自由。

中国女性非常勤劳，她们总是在家里做针线活或刺绣。一位长官的回答让约翰·巴罗先生发现事实并非如此：那位官员的丝质马甲上有精美的刺绣，他问刺绣是否是由官员的妻子做的，官员看起来非常吃惊，似乎受到了冒犯。然而，这件事并不能证明什么，一个例外不能代表普遍现象。此外，我们也不能肯定马甲上是不是刺绣。如果不是，那位官员的惊讶就不足为奇了。

传教士的著作中有对中国女性的描述。由于地位和职业的缘故，传教士可以接触一些外人接触不到的女性。除此之外，中国的一些诗歌和书籍也可以表明中国女性的勤勉，如下面这首诗歌。

室内的妇人和她的孩子们，从服饰可看出妇人在家中地位很高

少年妇女，最要勤谨，比人先起，比人后寝。……古分内外，礼别男女，不避嫌疑，招人言语。……妇女妆束，清修雅淡，只在贤德，不在打扮。不良之妇，穿金戴银，不如贤女，荆钗布裙。件件要能，事事要会，人巧我拙，见他也愧。

上页插图中的女性有很高的地位，从她和孩子的服饰及屋子的装饰就可以看出来。床榻用于晚上休息，她坐在上面的垫子上，床尾挂着毯子。这间屋子面朝花园有两个窗户。在其中一扇窗前可以看到她大女儿的头。母亲旁边有个桌子，上面放着茶壶和杯子，随时可以喝茶。会客室装饰有大面积的玻璃和绘画。左边有中式烟囱，点火的地方由四根柱子构成，柱子之间有很大的空隙。右边有一个瓷墩，中国人常坐在上面，而不坐椅子。

夏天，人们经常会在烟囱里放一个方形花盆，里面种着小矮树；冬天，他们很少生火，只用密封的炉子。他们很少烧木头，而是烧采自广东山上的煤。使用之前，他们通常把煤粉与黏土混合，制成方砖。木材在中国很缺乏，他们从东北地区的山上或附近的岛上砍伐木材，而这些木材几乎全部用于造船。一位传教士说：“在燃料方面，煤矿和生火的技术让一些远离山区的人也不会觉得缺少木材。”

据我们观察，中国人非常爱自己的孩子，将他们照顾得无微不至。孩子（尤其是儿子）出生时，富裕的家庭会举办盛宴来表达喜悦。他们会煮很多鸡蛋、鸭蛋和白米饭，并且向亲朋好友赠送各种精美的礼物。这在汉人中被称为“诞生礼”。孩子出生三天时，人们要给他洗澡，还要举行宴会。他们要煮很多鸡蛋，点上各种颜色，称之为“三日蛋”。这天，亲戚朋友们也要来送同样的彩蛋，还有各种点心和糖果。这与我们的洗礼很相像。

一位中国哲学家戏谑而又严肃地对那些鸡鸭表示惋惜。“他们不害怕。”他说，“祈祷新生儿长命百岁的祝愿，会被神仙愤怒地拒绝吗？想要为自己的儿子祈求永久的幸福，就该对动物们有同样的祝愿。为了生儿子就不应该吃任何有生命的东西。（当中国人求子时，他们认为可以通过严格的斋戒来实现愿望。）只有一直斋戒，才能被保佑。”

唉！我们在撰写这本书的时候，决心展现中国所有的风俗习惯，因此需要讲一下有些中国人在杀婴时令人厌恶的冷漠！通常在北京和一些大的城镇里，我们会发现一些神色异常的父母。他们因为没有能力抚养孩子，于是在夜色掩盖下，将新生儿遗弃在马路上。每个清晨都像往常一样，五头牛拉的垃圾车穿过北京的街道，捡起被残忍的父母抛弃的孩子。如果孩子已经死了，尸体就会被遗弃，这样可以省去埋葬的花销。

死去的孩子被带到公共墓地。那些还活着的孩子被送到一个常见的慈善机构——育婴堂。那里的医生和护士是由国家资助的，同伦敦和巴黎的弃婴医院的组织几乎一样。这些马车的车夫觉得有些孩子可能死了，其实他们气息尚存。定居下来的罗马传教士承担着挽救这些生命的责任。他从中选出幸存的孩子，让他们成为将来的传教者。对于那些奄奄一息的人，传教士会进行洗礼。

在乡下，尤其是在水上生活的水手和渔夫，他们不幸的婴儿常常被丢进浪涛里。他们会把一个大葫芦挂在孩子的脖子上，让孩子浮在水面上，听天由命。这种可怕的习俗在印度也很普遍。被丢弃的孩子几乎都是女孩，贫困的家庭尽力摆脱她们，因为她们比男孩更难抚养和安顿。

尽管如此，中国的下层女性在劳作和生育方面并不比她们的丈夫差。她们有时候会在稻田里犁地——这些稻田一年中的大部分时间都有水，而丈夫却无法承担这份工作。

如果东方女性的情况在我们看来是不正常的，那么在那些亚洲人的后代看来，我们所接受的教育也是荒谬而过分的。毫无疑问，这里的人们会阻止中国女性受外来思想的影响。外国女性被严禁进入中国。1719 年，俄国公使带着女性随同拜见皇帝时，边境负责接待他们的官员断然拒绝这位女性进入境内，据说，北京已经受够她们了。

打伞的劳动者和披着蓑衣的农民

显而易见，我们的女性使用的扇子是仿照中国扇子制作的。几年前它们还非常时尚，但现在几乎无人问津。我们雨伞的形制也是源自中国。不同的是，中国人用的不是鲸须，而是竹子。他们的伞有的只用藤条做成，不需要覆盖别的东西；有的则在藤条上面覆了绸布。

中国的农民从不浪费稻草，大部分稻草被剁碎了喂牛，英国和德国也这样做。剩下的用来遮盖屋顶，有的也被做成蓑衣。

蓑衣可以防大雨。农民穿上蓑衣后，在雨天里仍然可以在田间劳作。我有一幅依据原画而作的版画，是一个中国人带到巴黎的（序言里提到过）：耕者坐在类似雪橇的车上，车由牛拉着，在洪水泛滥过后的田里仔细查看。他的穿着与下页插图里的农民很相似，不可思议的是，表情也很像——一脸冷漠。

打伞的劳动者（左）与披着蓑衣的农民（右）

蓑衣、木质凉鞋、草鞋及一名中国女性的靴子

前文插图中展示的蓑衣有三层，而下页插图中的仅有两层。下页插图还展示了蓑衣内部的编织构造：茎秆缝在一起，有点笨重，网眼很大。

农民不穿靴子，也不绑腿，而是穿凉鞋。有的凉鞋是木底，向脚趾的方向弯曲，有的是用草编的或藤条编的，如同短袜的草鞋。一些地方限制女性双脚生长。她们的四个短脚趾都向脚底弯曲，只有大脚趾保持原样（详见第一卷）。中国的女性一般会遮住腿和脚。

中国人不仅用编织的稻草和藤条做上衣和下装，也用它们盖出各种风格典雅的房子。中国的房子大都是用砖垒成的，但他们也经常用草甸或竹子建造一些临时的房子。有些茅屋一天就能造好。皇帝出行时，尽管经过富裕的地方，但他更喜欢住帐篷。搭建和布置帐篷用的材料由骆驼背着，这是满族人流传下来的习惯。皇帝谨慎地保持着自身民族的习惯，也是为了使贵族们习惯野营生活。

垫子在中国有很多用途，我们知之甚少。基本上所有人都睡在垫子上。上层社会的人的床上有棉花做的垫子，还有缎子或绸布的帘子。这种帘子的四周是优质薄纱，空气能自由流通，还能防止小昆虫的侵袭。这种小昆虫在南方一些省份尤其多。

北方的床是用砖头垒的土炕，这些砖头在太阳下晒制而成。床边有一个小炉子，通过管子把热量传到房间的每个地方，再通过特制的烟道把烟排出去。炉子固定在长辈房间的墙里，可以从外面点燃，这样炕也暖和了。中国人不像欧洲人那样喜欢羽毛床，不喜欢直接睡在砖炕上的人会在上面铺上垫子。人们早上会把垫子收起来，因为让陌生人见到自己的床铺是很不礼貌的行为。然后他们会在床上放上毛毯或者精美的编织垫。

中国的床边一般没有帘子，但富裕之家会有各种布料的帘子，而且随季节更换。

做垫子用的编织材料也可以用来做船帆，后文将有专门的章节介绍。

1. 中国农民用稻草制成的蓑衣的外部
2. 中国农民用稻草制成的蓑衣的内部
3. 木质凉鞋
4. 草编凉鞋
5. 一名中国女性光着的脚和脚踝
6. 一名中国女性穿着靴子的脚和脚踝

捕野鸭

与其他飞禽相比，中国人尤其喜欢鸭子。他们在河边饲养了很多鸭子，一些水手和渔夫终日生活在船或筏子上。他们喂养了大量的鸭子，而鸭子很温顺，认得自己的主人。

湖面或河面上有成千上万只鸭子混在一起，它们属于不同的主人。一旦某个主人敲起铜锣，他所有的鸭子听到这个信号就会游向主人船边，停在那里，不会有一个“陌生者”混入。

所有旅行者都见识过鸭子的这种温顺，小德金先生也多次强调他亲眼目睹过。他对此的解释是：每个船上铜锣的大小都不一样，因此发出的声音不同。鸭子由此可以准确地识别出自己主人的声音。约翰·巴罗先生说，信号是口哨声，不同的地方可能有不同的声音。

为了尽可能多地繁殖鸭子，人们进行人工孵化，这类似于埃及人借助炉子的温度孵化鸡蛋。孵化方法不尽相同，中国的方法似乎最容易、最可靠，可能与鸭子的性格有关。收集大量鸭蛋后，人们会在离岸边不远的地方做一个竹笼，底层铺上淤泥和鸭粪，上面放一层鸭蛋，然后再放一层，直到装满。他们会升起小火，烧到适宜的温度。这需要丰富的经验。直到小鸭子可以出壳，将鸭蛋拿出来打开，把小鸭子交给老鸭子，老鸭子会收养、照顾和庇护小鸭子。

中国人会把一些活鸭子卖掉，将剩下的杀掉，腌起来。人们用两根棍子将鸭肉撑开，使其风干，这样鸭肉会有如鹿肉一样的味道，尝起来比新鲜的鸭肉更美味。

捕野鸭的方法很特别，非常有趣。捕捞者把头放在大的干葫芦里，挖个小孔用于呼吸及观察外面。他们赤身下水，悄悄地游过去，只有头上的葫芦露在外面。鸭子习惯了葫芦漂浮在水面上，在周围玩闹着寻找食物，丝毫没有防备。捕捞者抓住它们的脚，将它们拖进水里，防止它们叫，然后扭住鸭子的脖子，绑在腰带上。

印度人用的是陶罐而不是竹笼。这种陶罐一般是商人用来放米的，不涂漆，只使用一次。用完之后，扔进河里，因此河上漂着很多陶罐。印度人捕鸭也用类似的方式，把头藏在陶罐里，慢慢地接近鸭子。鸭子不觉得恐惧，不知不觉就被抓住了。

下页插图中远处是一艘渔船，上面有两只鸬鹚，这是一种捕鱼的鸟。下一篇将详细讲述这种捕鱼方式及其他一些中国特有的捕鱼方式。

捕野鸭

鸬鹚捕鱼及其他捕捞方式

据林奈所说，中国鸬鹚属于鹈形目，与广泛生活在欧洲海岸的鸬鹚差别很大。

野外有很多鸬鹚聚在一起捕鱼，它们围成一个大圈，相距越来越近，圈子越来越小。这些鸟有的在水面上拍打着翅膀，有的潜入水中，这样就可以把受惊躲进岸边深洞里的鱼抓出来。鱼儿无法逃脱，很容易被抓到。

约翰·巴罗先生认为，我们以前也利用英国鸬鹚的贪婪来训练它们捕鱼，而且获利很多。然而，中国及其邻国可能是现在仅有的还使用这种方法的国家。

早上，中国的渔夫在小船或竹筏上放出 10 到 12 只没吃东西的鸬鹚，每次只让一两只鸬鹚潜水。鸬鹚没有抓到鱼就不会浮起来，而且它们抓到的往往都是大鱼。主人为了防止鸬鹚吃掉猎物，使自己利益受损，会在鸬鹚的脖子上面套一个环，不让它们将食物吞入喉咙。当然鸬鹚通常训练有素，这种情况几乎不可能发生。鸬鹚非常忠诚，把猎物都奉献给主人。当鸬鹚猎捕的鱼足够多时，主人会允许它们为自己捕食。

我们发现这种捕鱼方法非常好，所有鸬鹚都是长脖子，或多或少都可以拉长。鸬鹚也很擅长把食物保存在喙的下颚处，这里的膜可以大幅度拉伸。雌鸬鹚把鱼存在这里，用来喂养小鸬鹚，这让人误以为鸬鹚是用自己的血养育后代，但现在人们知道，事实并非如此。鸬鹚将鱼储存在喉部，即通往食道的地方。为了让鸬鹚吐出食物，渔夫要把它的头向下按，用手捋它的脖子。

杜赫德说，当鱼太大一只鸬鹚捉不住时，鸬鹚会互相帮助——一只拉头，另一只拽尾巴，一起放到主人的船上。他书中的一幅画展示了这种捕鱼方式。这位博学的会士也会被错误信息误导：第一，鸬鹚下颌骨没有强健到可以横着把鱼提起的程度；第二，鱼溜得那么快，很难相信可以这样抓到活鱼。因此可以断定，上述情况是不可能的。

那些最早撰写关于中国回忆录的传教士，不可能事事都亲眼见到。金鱼还没有引进到欧洲时，勒孔特（Leconte）神父出版的书籍中就描述了它们，但跟前文引用的基歇尔神父对绣球花的描述一样浮夸而又漏洞百出。

应当注意的是，勒孔特神父说，金鱼没有手指长；红色是公的，白色是母的；尾巴与其他鱼一样是分开的、扁平的，但是形状像花朵一样；金鱼很敏感，换新鲜的水时，不能用手触摸。杜赫德逐一反驳了这些描述，说勒孔特神父的书中有很多错误。至少，中国的金鱼像其他鱼类一样，从高处下来不会受伤，只是对脏水比较敏感。如果不能保持水质干净，金鱼就得不到合适的食物，它们用鳃呼吸到的就会

中国渔夫训练鸬鹚捕鱼

是有害的物质。

杜赫德说："中国人还有一种简单的捕鱼方法。他们把 2 英尺宽的白漆木板固定在狭长的小船两侧，向水面倾斜。晚上，将木板朝向月亮，反射的月光让木板显得更高。鱼类很难分辨水光和白漆光，经常向里面跳跃，然后便落在甲板上或船上。"

中国的鱼类同欧洲的基本相同，有七鳃鳗、鲤鱼、鳎目鱼、鲑鱼、大马哈鱼、西鲱、鲟鱼、鳕鱼等。最具价值的一种鱼重约 40 磅，它的背部、腹部和两侧鱼鳍十分锋利。据传教士说，这种鱼肉质白嫩，味道鲜美，有点牛犊肉的味道。

还有一种比较精致的鱼，当地人称其为花鱼，通体洁白，黑色的眼睛周围像有一圈银色。江南沿海有大量这样的鱼，一网可以捕捞 400 磅。鳇鱼[1]体积庞大，有的可达到 800 磅，在洞庭湖和扬子江中都可以捕捞到。

除了用来捕鱼和运送物品的简易竹筏，江上通常还有更大型的筏子。在四川的山里，人们把大树砍倒，将用柳条或竹子制成的绳子穿过木头尾部的小孔，将木料绑在一起。木筏 4 至 5 英尺高，10 至 12 英尺宽。长度没有限制，取决于商人有多少钱，有些木筏可达半里长。木筏的每个部分都可以自由移动，如同链条上的链环，四五个人站在前面操控篙和桨，控制木筏。

木筏上建有用草或木条覆盖的木屋，相互之间有一定的距离，渔夫可以用来放置生活用品，也可以在里面做饭或睡觉。绑在一起的筏子上面经常有 40 间这样的房子，这很常见。在一些大城镇，他们会停靠下来购买木料，售卖他们做好的屋子。他们用这种方法带着木头沿水路行进 1800 英里，到达北京。

所有的旅行者都描述了他们对中国木筏的共同印象，但如果要看类似的东西，无须穿过大西洋，甚至不用走出欧洲、法国。莱茵河上就有漂浮的木筏队航行，然后到达荷兰。木筏队由橡木和冷杉组成，60 至 70 英尺长，毛皮紧绑在长木材上。这些流动的小岛一次可以装载五六百个工人，他们整个航程都住在松木小屋里。

从科隆到荷兰多特要消耗 15000 至 20000 磅生肉、40000 至 50000 磅面包、10000 至 15000 磅起司、1200 至 1500 磅黄油、800 至 1000 磅熏肉、500 至 600 吨高度数啤酒。除此之外，每个人的报酬约为 27 先令 6 便士。

[1] 即中华鲟。——译者注

用两头骡子磨稻米

米饭对于中国人来说十分重要，正如小麦面包对于欧洲人一样。两个朋友见面寒暄时，会相互问对方“吃饭了吗”。这是他们问候身体健康的方式。中国人说吃谁家的饭，意思就是靠这个人维持生计。一位传教士受刑时抗议，他来中国的唯一目的是传递福音，没有任何其他的个人目的。但中国官员和衙役却强迫他承认是为了米饭而来，对他进行了残酷的审讯，传教士誓死不从。

单音节词“饭”的意思是煮熟的米饭，在汉语中组成的很多词都跟吃有关。“吃饭”是吃任意一顿饭的通称，字面意思是吃米饭。早餐是“早饭”，晚餐是“晚饭”。然而，他们会在大米里加上其他同类的谷物，尤其是高粱。尽管中国种植小麦，但他们几乎不吃小麦粉做的面包。只有北方的一些省份产玉米。

把谷物磨成粉的方法很简单。磨是平整的圆柱形石头，将其平放，作为磨石，人们拉着上面的石盘转动，压碎谷物。有时会用风车拉磨。磨包括一个小的固定的磨石和另外一个被人转动的磨石。

他们把小麦粉做成卷，放在炉子里，只需 15 分钟就会非常柔软。欧洲人发现这种糕点很难下咽，在吃之前要先烤一下。广东人会做一种玉米饼，味道不错，如果和一些开胃的药草混在一起吃会更加美味。同样的，中国人也把面粉做成面条。大米、小米、其他谷物及小麦有时会被磨成粉，做成饼和面条。

水稻在南方种植广泛，寮国[1]也种植水稻。水稻只生长在比较湿润的土壤中。

河流定期泛滥也许是这里发生的最好的事情，水退之后留下的沉淀物会使土地变得肥沃。泥浆放置一段时间后，人们就会在上面播种稻米：先用黏土在一块土地周围堆成垅，以便隔绝水流、改变水道，让地面变干一些；然后耕地、耙地，把之前用粪和尿浸过的种子种在沟里。第一卷的插图展示过丰收庆典和一个十分简单的中式犁。之后，进行灌溉，要么通过水渠将水从高处源头引到缺水的田地里；要么用链斗式水车，用杆子和链条将一个水桶固定在横梁的一端，这与伦敦附近蔬菜农场使用的装置相似；要么用一个大盆，两边各有两根绳子，两人站在高处池塘的两侧，用这种装置将水从低处引向高处。

农业中也用扬水轮和斗式水车取水。扬水轮在南方很常见，全部由竹子做成，不需钉子，直径 15 至 40 英尺。这与波斯人用的很相似，但实际上它们在原理和构造上有很大不同。一个直径 30 英尺的扬水轮，24 小时就可以带动近 7 万加仑[2]的水。

---

[1] 老挝旧称。——译者注

[2] 1 加仑 =3.78 吨。——译者注

水稻种下几天后，嫩苗就钻出了水面。长到七八英寸高时，人们会将其从根部拔起，用刀将梢砍掉，把秧苗分散插在犁沟里，或插在用木棍插出的洞里，间隔6英尺。然后再次将田地灌满水，等待丰收的到来。在好的年景，收成可达种子重量的15至20倍。但德金先生说，平均产量仅有10倍。

有一种大米是红色的，其生长环境不像白米一样需要很大的湿度，它们种在山上，但质量不好，只能用来酿酒。稻子高度不超过3英尺。下面一段引自康熙皇帝所著的《康熙几暇格物编》（参见《中国杂纂》第477页）：

> 丰泽园中有水田数区，布玉田谷种，岁至九月始收获登场。一日，循行阡陌，时方六月下旬，谷穗方颖。忽见一颗高出众稻之上，实已坚好。因收藏其种，待来年验其成熟之早否。明岁六月时，此种果先熟。

在中国，稻子每年两次收成。但种水稻有很多风险：幼苗很不耐旱；接近成熟时水太多又很致命；这里的鸟和蝗虫多得超乎欧洲人的想象，相比其他谷物，它们更喜欢这种稻子。

稻子移植3个月后成熟，中国人用镰刀来收割。他们在竹竿的两端各捆一束稻子，放在仓库的地上，然后用连枷[1]敲打，或用牛碾压，直到谷物与稻子分离。将壳与米粒分离的方法有几种，最常见的是将谷物放在臼里，用一种与杠杆末端相连的圆锥形的石头反复击打。这种臼是一个巨大的陶瓶或中空的石头，人们需要一下下地踩动杠杆。

具体情况可见第二卷中相应的插图。妇人用杵捣米，这种方法也用于造纸。繁忙时，他们使用石磨把稻子磨成粉。转动石磨的工作由骡子完成。骡子的眼睛要被蒙住，防止它们转圈时感到厌烦和晕眩，如下页插图所示。

壳粒分离后，人们就用一种方形漏斗再加上新的谷物，下页插图中的石磨上放着的就是这种方形漏斗。石磨四周围着木头。有时也用水磨。

谷物脱完壳就可以拿到市场上售卖。但在煮饭之前，要做一些准备：将谷物放在陶罐里，倒满水，充分清洗干净，去掉一切杂质。米煮熟只需15分钟。为了防止它们粘在一起，要在铁锅里注满水，将米淹没。

---

[1] 也作梿枷，由一个长柄和一组平排的竹条或木条构成。用来拍打谷物、小麦、豆子、芝麻等，使其籽粒掉下来。——译者注

用两头骡子磨稻米。

筛米

约翰·巴罗先生发现，中国种植稻子的原因之一是人口众多。如果每人每天吃2.5 磅米，1 英亩稻子一年可以养活 5 个人。同样面积的土地如果种植棉花可以供200 至 300 人穿衣。稻子上磨后，壳会跟米混在一起，想要去除这些壳，需要筛一下。如下页插图所示，人们推动木杆，让石磨转动，将壳筛出，或者直接用筛子筛出壳。

中国需要为这么多人提供粮食，可想而知中国的资源有多么富饶。他们在峭壁悬崖上种植农作物；在人迹罕至的山上种茶；还在一些山上开辟 20 至 30 片梯田，每片梯田都有 3 至 4 英尺高。传教士说，这些山不像欧洲的山那样岩石遍布，山上的土壤松软透气，易于耕作。有些地方的土层很深，挖三四百英尺都找不到石头。如果山上有石头，中国人就会把石头搬走，垒成矮墙支撑梯田，然后把土地弄平整，种上庄稼。这种危险的事情足以表明中国人多么辛苦，所有梯田的灌溉工作都要靠人力完成。

约翰·巴罗先生有些草率地认为，在中国，在山上种植并不如传教士所说的那么常见。在他们行进的路线上，他仅仅发现一例，因为范围太小，几乎不值一提。但这位聪明而讲究的旅行家本该想到，英国使团走的是水路，经过的都是中国最为平坦的区域，因此一路上几乎看不到山脉。除了在广州附近，他们几乎没有机会见到此类田地。而荷兰大使大部分的行程是陆路，并且方向不同，所以见到了很多山坡被改造成梯田。

无论如何，即使在欧洲，这都不是新鲜的方法：洛桑和维维市之间的沃州有过成功的先例；法国的莱茵河左岸也有。而且，不说远处的，在巴黎就能看到好人山（Goodman Mountain）上有类似的梯田。

推杆用筛子扬谷（左）与把米过筛去除杂质（右）

养蚕缫丝

约翰・巴罗先生在他的《航行到南圻》（*Voyage to Cochin-China*）一书中曾写过一篇非常有趣的文章，来证明现代人混淆了中国人和古人所说的赛里斯人。他补充道，罗马人使用的丝绸主要来自波斯，并不是来自赛里斯。由此可以得知，维吉尔（Virgil）、西利乌斯・伊塔利库斯（Silius Italicus）、克劳迪安（Claudian）、普林尼（Pliny）、贺拉斯（Horace）等作家文章中所指的丝绸，其实是棉布。事实上，这些作家说的是一种类似于羊毛的物质，并非特指蚕茧，例如，维吉尔的《赛里斯人从树叶上梳下精细的羊毛》（*Velleragueut Foliis Depectant Tenuia Seres*）、西利乌斯・伊塔利库斯的《设计师鲁西斯》（*Lanigeris Lucis*）、克劳迪安的《林中的羊毛》（*Lanigera Sylva*）和普林尼的《钫花岗质》（*Frondium Canitiem*）。

他认为是一位犹太移民将丝绸引进中国的。这一珍贵的手艺在所罗门时期就已得到应用。从《圣经》中的一些描述，尤其是《以西结书》第27章可以看出，它是从波斯或者米提亚引进的："他们用细麻布、刺绣和红宝石换你的商品。"在拉丁文版本中，前两个词为亚麻布和丝绸。但是在第三个词的翻译上，译者们并未达成一致：一些人把它译作珍珠，另一些人则把它翻译为红宝石，还有人把它翻译成钻石或红玉。

约翰・巴罗先生没有详细说明《以西结书》，虽然其中的文字很有可能证明他的想法。他的翻译确实与众不同，他把第二个词翻译为棉布，把第三个词翻译为丝绸。需要补充的是，其他作家没有像约翰・巴罗先生这样谦逊地提出自己的建议。历史学家贾斯汀（Justin）将其翻译为丝绸制成的长袍。

无论事实如何，很难通过中国的历史遗址来了解中国人开始剪开野生蚕茧的时间，以及开始在家中用桑叶养蚕的时间。在中国最炎热的省份，尤其是广州附近，可以发现野生蚕。它们很随意地生活在各种树的叶子上，尤其是在白蜡树、橡树和花椒树上，并吐出一种淡灰色（很少是白色）的丝。用这种丝制造出的布料较为劣质，被称作茧绸。这种布很耐洗，因此一些有身份地位的人也会穿这种布料制成的衣服。

早期的故事认为最早发现丝的是黄帝的一位妻子。从那个时代开始，皇后就很重视养蚕和缫丝。直到明朝，皇宫的花园里还种有一小片桑树。在位的皇后每年都会亲自出席一个类似于农业盛典的仪式。皇后在其他妃嫔及一些主要女官的陪同下，庄重地走向这片桑树林。皇后的侍者把三根桑树枝压低，让皇后可以够得到，用她尊贵的手亲自从上面采摘桑叶。皇后仔细督查，亲自劳作，制造出最好的丝线。这些丝线作为最完美的祭品，在庆典中献给上天。

《中国杂纂》中提到了奇怪的一点，对于他们何时开始利用野生蚕吐出的丝制

一名妇女拨弄蚕茧准备缫丝。

作丝绸，中国文人闭口不谈：

> 不论文人们是否对野生蚕有偏见，除非偶然，他们从来不谈论这些蚕。不论政府是否鼓励养蚕，在关于农业的藏书中，没有一处提到蚕。

我认为有必要从传教士文集中引用这段话。正如有人所说，在这一方面，杜赫德或马戛尔尼伯爵几乎没有发表任何意见。对我来说更奇特的是，昆虫学家对野生蚕的习性和生活方式的研究非常浅显，但却在普罗旺斯仔细研究了养蚕方法的每个细节。很难想象，野生蚕比起桑蚕更容易成活，几乎不需要任何照顾。

蚕产下卵以后，人们就会把成捆的高粱秆挂在它们栖身的树上，以便它们更容易吃到树上的叶子。这些蚕天生脆弱，还有大量的敌人。尤其是那些当季的有翅膀的动物。第一阶段要保护它们不被掠夺者伤害。要在一场大雨后，在树的周围挖一条沟，灌满水，撒上灰或者花椒。更可靠的方法是，在树叶的枝条下面放一个装满水的盆。

为了保护蚕免受鸟类袭击，人们会用网眼很小的网把这些树覆盖起来。保护它们不受黄蜂和马蜂的袭击最困难。它们会落在幼蚕上面，把它们切成两截，然后吞噬；它们甚至可以穿过网眼来捕食幼虫。要消灭它们，就必须动点脑筋。在树旁的稻草上涂上蜂蜜能吸引大量的黄蜂和马蜂，等它们大量聚集之后，就可以点燃成捆的稻草，将它们一起烧死。

对蚕来说，下雨并不是坏事。下雨会使空气变得清新，这对它们来说是非常有利的。雨水还可以赶走它们的敌人。必须注意的是，树上的蚕与可食用的叶子的量要保持一定的比例。它们要蜕四次皮，每四天蜕一次，而大部分非野生的蚕只蜕两次。

在蚕出生后大概第 19 天至第 22 天，它们会开始伟大的工作——吐丝结茧。它们会把一片树叶卷成杯子的形状，形成一个茧，像鸡蛋那么大，也像鸡蛋一样坚固：茧的一端是开口的，像一个颠倒的漏斗，以便蚕蛾飞出。到了一定的季节，它就会用汁液将丝变得湿润松软，将自己从桎梏里解放出来。

这些被冲破的茧不能抽丝，就像普罗旺斯的茧一样。人们会特意留下它们，以便飞蛾生产后，获得新的卵。之前提到过，由这种蚕丝制成的布很耐洗。也可以用其制作乐器的弦，因为它更坚韧，而且声音更加响亮。

这种野生的蚕有时一年会生产两次，一次在春天，另一次在夏末。橡树上的蚕结茧比花椒树和白蜡树上的蚕要慢，而且它们结茧的方式也不同：它们不是卷起一片叶子，而是把自己卷进两片或三片叶子里，开始吐丝。这样结的茧更大，但是丝的质量会变差，价值较低。

这种野生蚕的茧非常坚固、紧实，蚕需要费很大力气才能挣脱出来。因此从夏末到来年春天，茧会一直保持密封状态。“据我们所知，”传教士们说道，“那些被遗忘了一年的茧，在下一年会生出蚕蛾。我们确定，茧在夏天变化非常缓慢。”

中国人能很轻易地辨别出茧里是雄蚕还是雌蚕。这种知识非常重要。他们把用来产卵的茧挑出来，因此可以保留大量的雌蚕，吸引大量的雄蚕。

这些蚕蛾跟家养的不一样，雄蛾可以自由地飞翔，但要注意避免它们飞掉；雌蛾在破茧的那一刻就要抓住，用丝线把它们的一只翅膀固定在一根柔软的高粱秆上（卵附在上面）。蛾产下的卵的数量最多可达四五百个。

“桑蚕和野蚕最重要、最基本的不同是，”传教士们说道，“造物主很乐意给后者一种无与伦比的自由和独立的精神。”

在康熙皇帝所著的《康熙几暇格物编》中，我们发现了下面这一有趣的思考：

西北地方产丝绵，以之制甲，其坚固胜于中土，大约四十层可敌浙江之丝八十层。向来不知外国出丝也。

家养蚕只是野生蚕的一个变种。最优质的丝源于浙江省,那里种植大量的桑树。这些树的枝条不断地被剪掉，这样新的枝条可以更迅速地生长出来，因为蚕更喜欢新枝条上长的叶子。这些桑树沿直线种植，排列得很好，树之间间隔 10 至 12 英尺。

蚕卵在温暖的天气下孵化，跟法国的北部一样，此时中国的桑树还没有长出足够多的叶子。我们通常会用生菜叶代替桑叶。在中国，桑树的替代品非常特别。他们给幼虫喂食晾干的前一年秋天收集的树叶磨成的粉。

人们需要为蚕挑选良好甚至是极为优质的环境：干燥的土壤上，临近小溪，位置偏僻，尤其要清静，远离所有有害气体。据说，狗的吠声、公鸡的打鸣声都会让蚕烦躁不安，甚至会对蚕带来毁灭性的伤害。养蚕房间的窗户必须用白色的透明纸覆盖。养蚕有时也需要亮光，但大多时候黑暗的环境更适合。因此，窗户后面要挂上席子，席子要随时可以取下来。

同一时间段孵化的蚕需要养在一起，这一点很重要。它们可以一起睡觉、醒来、进食和活动。人们检查蚕的生长情况时，会把不好的蚕拿走。通常他们把蚕放在灯心草编成的架子上，一层摞一层，一共摞 8 层或 10 层。架子上是用碎稻草铺成的垫子，垫子上铺着一张长长的纸。起初，幼虫需要细碎的食物，因此叶子要切得又小又细。

为了孵化虫卵，用于雌蚕产卵的纸片要用丝线悬挂起来；还要生火，使房间达到适宜的温度。生的火既不能有火焰，也不能冒烟。当蚕快要孵出时，这些纸又被移到更长的纸片上，上面铺满了桑叶。桑叶的气味吸引着这些饥饿的幼蚕。对那些懒一些的蚕，人们要么用一根羽毛拨弄它们，要么在它们躺着的纸片下面轻轻地敲打。

从这一刻开始，会由一位被称作蚕母的聪明女性负责照顾蚕。她要在沐浴后穿上干净的衣服才能走进蚕室。如果她刚吃完东西，就不能进蚕室；进蚕室前也不可以触碰野生莴苣菜，因为它的气味对新生的蚕有害。蚕母穿着很朴素的衣服，没有内衬，以便更好地判断火的温度，这是因为中国人不使用温度计。

蚕生病，主要是因为吃了含有露珠或者晒干后沾上了难闻气味的叶子。最好提前两三天采摘桑叶，然后把它们铺在干净又通风的地方。在我们的寄宿学校，年轻女士靠养蚕自娱自乐。她们经常因为没有在最好的时机采摘桑叶，只能伤心地看着蚕整窝地死掉。她们有一个错误的习惯——为了保持新鲜，经常给树叶喷水，但这些潮湿的叶子会让蚕得致命的黄疸病。

中国人认为，将叶子放置在胸前一段时间，吸收一些人体的湿度，对蚕来说是非常有益的。当这些蚕开始变老时（它们存活的时间只有 20 至 25 天），要少给它们一些食物，以免它们消化不良。当蚕准备开始结茧时，必须将它们从垫子上拿开，放在不同的架子上。

第七天后，蚕完成了结茧。人们把用于繁殖后代的茧放在通风良好的地方。在这之后的一个星期，蚕会放弃它们华丽的“坟墓”，变成蛾。蛾冲破茧，自由地留在纸片上。雌蛾会在接下来的 24 至 36 小时内产卵。

当蚕在茧中时，被称为蛹。这种蛹既没有脚，也没有翅膀，只有一些微弱的震动能显示出里面孕育着一个鲜活的生命——事实上，蛹像被装在袋子里一样。中国人非常喜爱把蚕蛹作为一种美味的食物。

这种茧不能用于缫丝，然而它们也不会被丢弃，而是制成一种如雪貂皮一样的丝。用于缫丝的茧按磅卖给批发商。缫丝的第一步是杀死蚕茧里的蛹，因为担心它们孵化、穿破蚕茧。这个操作是很残酷的，但又是不可避免的，这需要通过滚烫的蒸汽来完成。

准备缫丝时，把蚕茧放进盛着开水的大锅里，每八根、十根或十二根丝拧在一起，多少根取决于想要制成的丝的坚固程度。有时候锅下面会生火以保持温度，有时如插图中展示的那样，锅自身可以保温。一名妇女坐在铜盆前面，用一个很小的扫帚拨弄着茧，而法国人用的是一条很小的桦树枝。每一条茧丝的末梢都粘附在草上。她抓住这些丝，把它们均匀地拢在一起，穿过架子顶部的一个环，就像穿过滑轮一样，将它们卷起来。她用脚踩踏板来卷丝，跟纺纱轮的使用方法一样。在更大的作坊里，是由另一个女人，甚至孩子来操作卷轴。

丝线断裂的情况很容易发生。这名女工必须把手伸进煮沸的热水里，从锅里重新找到线头。因此她旁边有两个装满凉水的罐子。这样她就可以在第一时间把手指泡进去，防止烫伤，也可以减轻疼痛。一些人在普罗旺斯和皮尔蒙特亲眼见过这些工人，看到她们干活时仿佛一点儿都不疼，因此对她们的麻木感到惊讶。另一方面，她们也不会奢望拥有完好无损的手。

丝被抽出来以后，被制成各种布料，过程跟我们欧洲的工厂中大致相同，但是中国人的生丝里并不放胶，这些生丝里含有天然的胶质。丝在中国很普遍，劳动力又非常廉价，这会让人觉得丝是用不完的。不仅是官员、文人和生活条件优渥的人，不论男女，都穿丝绸、缎子或锦缎的衣服，甚至某些士兵的制服都是用这种其他地方认为很珍贵的材料制成的。

大量的丝绸并没有妨碍中国进口昂贵而又精美的工艺丝织品。在广州的仓库里，中国人很轻易地就能把摊开的布匹卷起来，因为他们使用两个磨光的长钢棍——这是一种非常有独创性的工具。这种方法值得推广到欧洲的仓库里。

1777 年 11 月 15 日，晁俊秀神父在写给伯丁先生的一封信中，提到了一件很奇怪的事，那就是在大量养蚕的地方，马都不会长得很壮，反而死得很快。

孔和杨遵从伯丁先生的意愿，经过里昂，再到西班牙，从那里回到了他们的祖国——中国。路过里昂的时候，他们参观了那里的丝厂。下面这段关于丝厂的描述摘自他们的回忆录：

> 法国的各种染料中，白色、蓝色、黄色还有黑色尤其需要改进。在法国，黑色的染料损伤布料，中国的染料则不会如此，而且也不褪色。法国的蓝色和黄色染料一旦淋了雨就会受损，然而那些了解中国丝绸的人说，中国丝绸很耐洗，而且不会失去原本的光泽。

两人非常赞赏里昂制造的金色和银色的花边，认为出口金线，更确切地说，出口镀金的银线到中国将有利可图。他们补充道：

> 未来将引进用于制造金色的东西，及各种金色刺绣。中国人制造的金色刺绣，只是覆盖金箔的纸，一淋雨就会坏掉。（这种线，或者说是拧起来的纸，和前面讲过的中国人用来装订的线很相似。）
>
> 曾在中国居住的法官认为，尽管里昂光滑的天鹅绒在这个国家更为珍贵，然而它们还是难以跟丝绸相媲美。但里昂的金色布料非常完美。我们相信中国人不知道如何用马海毛[1]制衣，也不会制作印花棉布，尽管其英文名 chints

[1] 安哥拉山羊毛。——译者注

> 看起来像起源于中国。我们曾经看到过纱布制品，中国纱布无论是光泽还是质量，都是最好的。我们有许多不同种类的纱布：硬的、软的、简单的、繁复的、时尚的，比起我们在法国看到的所有纱布无疑都好得多。

中国人制作挂毯既不用丝绸，也不用羊毛，而是用骆驼的毛。在孔和杨看来，它们不应叫挂毯这个名字。"它们只是一种大杂烩，各种颜色毫无关联地混合在一起，丝毫没有品位。因此中国人只把它们用作地毯。在皇帝的宫殿里，挂着两三幅哥白林厂制作的挂毯，这些挂毯也许比华丽壮观的王座更让皇帝愉悦。他也许惊异于挂毯明亮的色泽和精美的设计。这些花纹和图形难以用语言表达，但必须是得体的，中国人对于这方面极为重视。"

也许是由于孔和杨偶然透露出来的这一点，伯丁先生觉得应该在货物中添加一些哥白林厂制作的出色的挂毯，将其当做礼物送给中国皇帝。

他们刚开始很难使这些珍贵的物品摆脱海关和其他政府监管部门的控制。总督坚持要以莫须有的理由买下来。换句话说，他想按照自己觉得合适的价格侵吞掉。最后经过反复协商，事情谈妥了。但是出现了一个更大的困难。奇怪的是，他们此前并没有想到：以什么名目，特别是以谁的名义，把这么贵重的礼物献给皇帝。从杨先生写的一封信中可以知道，这是多么困难。

> 这些挂毯今年可能会抵达，但现在的问题是究竟以谁的名义献给皇帝。毫无疑问，不能是我们自己，因为以个人身份向皇帝赠送礼物，这是前所未闻的傲慢行为。我们能够求助这个国家的官吏来处理吗？毫无疑问，他将拒绝我们，因为一旦有误，被免官是最轻的后果。
>
> 我们可以以国王的名义赠送吗？即使这些作为贡品的挂毯没有什么危险，就像其他国王的礼物一样。但我们也是有罪的，因为在如此重要的事情上，我们没有得到国王允许就擅自借用了他的名字。当时除了求助法国的传教士之外，没有其他的办法。依据法国下达给我们的指示，他们最后可能要么以国王和印度公司的名义，要么以他们自己或者其他法国人的名义。

事实上，最后一个计划被采用了。杨先生的下一封信中介绍了这一点，这些杰作在朝堂上展示出来时，引起了极大的轰动。

> 他们报告给皇帝，有六幅挂毯抵达广州。他们请求皇帝用它们装饰皇宫。总督接到皇帝的命令后，马上下令运送。皇帝一看到这些盖世无双的作品就赞

叹道：“哦！多么美丽的东西啊！在我的王国里没有能和它匹敌的！”

在朝廷上，这一天就好像是一个节日，皇帝十分高兴，贵族和官吏也喜不自胜。现有的宫殿大小不适合放这些挂毯，皇帝便下令专门为此修建新殿。

游船及中式桥梁

中国游船的外形通常非常漂亮，游船内部一般有很大的船舱和装饰精美的货舱。窗户是用木条或贝壳制成的，中国人用这些代替玻璃。船内部有 1.5 英尺宽的空间供船员们使用。这种构造充分顺应了材质的自然特性，其建造理念与欧洲游船一致。这种船有时候也需要桅杆和船帆，像我们运河上的一些船那样，但是这里的船通常需要划桨或用绳索拉。

中国的船夫使用巨大而有力的船桨。船桨位于船的后部，有时船的两侧也有两支。他们划桨的动作像鱼摇尾巴，跟我们的不一样——最近在法国的塞纳河上，船夫也开始广泛使用类似的划船方法了。操纵浮运木材的水手们和名为“马布瓦”的船，使用的都是位于船尾的船桨。这些船桨不像平底的大船或者划艇的桨那样横着放置。这不是一种古老的方法，孔和杨在巴黎的时候还不知道。以下引自杨 1765 年 2 月 21 日在卡迪斯（他们在这里等待适宜的风向以航行到中国）时写的信：

> 关于航行，中国人更需要学习而不是交流。中国人的航行方式虽然十分简单，但在某些方面还是有优势的。举例来说，中国人不是用桨划船，而是在船尾放置一个更大的、不断运动的船桨。这种方式比用普通的划船方式要快得多。我们曾经在“东方号”上见到过两条中式的船，看起来好像是最近刚从中国引进的。皮埃尔先生在里昂告诉我们，他从来没有在法国见到过这种航行方式，“但它是最适合探险的方法”。

政府的监督员负责监管船舶的航线，以便安全运输作为税款的货物，或者运送重要人物（比如外国大使）。他们会征用一些乡下人，让他们用绳子拖拽船只。船队快到的时候，邻近村庄的所有男人往往都要离开他们的住所。这些不幸的人夜里也不能休息，万一有人倒下了，其他人要马上顶替他的位置。一个带着竹鞭的人监督他们，鞭打那些不好好干活的人。

舢板上的桅杆并不是那种在桥下通过时可以降低的构造。然而桥基与地面几乎是平行的，结果，桥拱被造得非常高，甚至很陡峭，导致在桥面上走路非常艰难，令人生厌。这些桥在中国很多，看起来好像只适合步行。某些桥非常奇特，尤其是苏州附近那座由 91 个拱组成的桥。

杭州附近的一座桥是用黑色的石头铺成的。它没有拱洞，而是由 300 根石柱支撑，其尖锐的棱角可以削弱水流的速度和力量。据说，这座桥是由该城市的一位年

装饰精美的中国游船

迈官员自费建成的，总共花费了 140 万金币。

在去云南的路上，贵州有一座著名的铁桥。它是一位中国将领在公元 65 年建造的，建于两座山之间，横跨一条奔涌的河流。桥的两端各有一座巨大的门在两个石柱之间，大概六七英尺宽，17 或 18 英尺高。在这些石柱之间，巨大的圆环上悬挂着四根铁链，由一些更小的铁链横向连接起来。这些铁链被牢牢固定着，但也可以移动，铁链上面铺着杉木做的横板，时常需要替换新的。其他的铁桥都是模仿这座桥，但不如它大，应该也不如它耐用。

我提到过，一些中国人全家都住在竹筏上面。孩子们被长长的绳子绑在上面，可以自由活动，也可以防止掉进水里。母亲有时会将葫芦套在没有系绳子的孩子脖子上，万一孩子不幸落水也会漂浮在水面上，从而得救。

瓷器商和算盘

卖瓷器的流动商贩在扁担的一头挑着一个椭圆形的盒子，像我们洗菜用的柳条筐一样，其中被隔成了几部分。盒子里装着一些杯子、盘子和茶托，还有其他同样易碎的陶器。把它们排列整齐需要有巨大的耐心,那些卖品之间必须有一定的间隙，以防损坏。第二卷中对瓷器制造业进行了充分描述，此处引用中国人孔和杨的一些观察。

“我们非常希望,”他们说道,“第一,中国的工人能有品位、有各种各样的模型，就像我们在巴黎西面的塞夫勒工厂里看到的那样。尤其是人物塑像，因为中国只有粗糙的塑像，而且大都奇形怪状。

“第二，希望中国人学会使用模具制造模型。其实非常简单，一名工人一天可以做很多个。我们认为，中国人只是不了解这种制作模型的方法。

“第三，希望中国人能更好地设计瓷器。中国人制造瓷器所使用的材料比法国人的好得多。遗憾的是，虽然所用的材料耐用、色彩鲜亮，但他们并没有高贵优雅的品位。如果那些法国的瓷器没有令人赞赏的高雅品位和极其华丽的珐琅装饰，还会比优质陶器更精美、更有吸引力吗？”

必须注意的是，近些年，中国瓷器和陶器的浆，已有了很大的进步与提升。在伯丁先生的收藏中，我发现了一些瓷瓶的图画。如果塞夫勒工厂可以仿造一些，不仅会十分畅销，也将非常时尚。它们除了外形精美无比、颜色鲜亮夺目以外，尤其让我震惊的是，这些花瓶还呈现出光影的融合。简言之，花瓶准确地运用了透视和明暗对比法，简直难以相信这出自中国人的笔下。在这种构图中，透视非常重要：如何使一个凹面或者凸面与一个平面相区分？如果一个花瓶有凹槽，或者像我们前面看到的那样被分成两边，中间的凹槽必须更宽，侧面的凹槽则要逐渐变窄，否则，这个物品将不会呈现出球状。

中国人拥有在瓷器和玻璃上绘画的艺术，这些经火烧制过的颜色始终不会褪色。除此之外，中国人也擅长在一种石头上绘画。这种石头是这个国家特有的，其被切割得非常薄，而且很宽，能被用来制作可折叠的屏风。我想这种石头应该是一种含有黏土的片岩，类似板岩，可以分割。

孔和杨回国后的第一件事就是给那位曾经保护过他们的伯丁先生寄去一面精美的屏风。杨在信中说道，这件屏风已经寄出去了：

一面石头屏风，款式不俗，一共十块，都是6英寸高，9英寸宽。每一块

> 都由五块石片组成，上面两块，下面两块，中间的石片大约有两英尺高。这些石片的颜色很像汉白玉。上面的绘画由广州最优秀的两位画家创作，有人物、风景、花朵、鸟类、昆虫等。
>
> 石片总共有50块，框架都是双层的。贴近石片的框架由一种淡黄色的木头，即楠木制成。如果这个颜色在法国不受欢迎的话，可以镀上金。外面的框架是铁梨木，它的颜色更接近棕色而不是黑色。迄今为止，没有人会想到寄这样一面屏风到法国。我们觉得它会很受欢迎，为此我们感到荣幸不已。

伯丁先生对这份礼物非常满意，同时还询问了有关制作这面屏风的石头及如何在上面着色的问题。以下是答案：

> 颜色渗进石头而不失光彩，并不依靠什么技艺，而是这些白色石头的独特属性。即使在中国，颜色也不能渗入所有的石头而没有丝毫改变。我只知道在中国有两种石头能使所有涂在上面的颜色保持鲜亮明艳：一种石头来自汕头一个小镇附近的山上；另一种来自一个叫肇庆的小城市，距离广州有两天的路程，这种石头也用于制作屏风。
>
> 我听说，这些白色的石头本是巨大坚硬的石块（这证明它们是一种片岩，而不是大理石）。这些石头被锯成薄片，然后用一种更坚硬的石头把它们磨滑。完成以后，涂上颜色。画完后再涂上一层蜡。先将石板加热，然后用一把木制的刀将这些蜡刮掉。当然，会留有一些刮不掉的蜡，保护上面的颜色不被擦掉。

这个过程便是古人已知的蜡画。普林尼曾描述，在油画发明之前，它是非常必要的。油画由于操作过程更轻松方便而流行，但它有一个非常严重的缺点——颜色会变黑。拉斐尔和鲁本斯的精美艺术品将来肯定会变成烟灰色。油画毋庸置疑更需要修复。

在中国，富人的房间里都有瓷瓶，里面放一些花或稀有植物，要么是整株植物，要么剪下几枝置于水中。当季节不适宜的时候，他们会用一些人造的花来装饰房子。我不知道他们的艺术家是否也像我们那样，考虑过把蚕蛹切掉一部分来模仿植物的果实，但是他们经常用一种特殊的芦苇的芯。至少这是孔和杨以及传教士们的观点，虽然他们从未成功地买到这种植物的种子。我想中国的手工业者用的不是里面装有种子的芯，而是这些植物被切分出来的内层皮。这种方式有点像埃及人分离纸莎草外壳的方式。

尽管伯丁先生做过很多努力，但关于制作仿真花使用什么材料，他并未获得令

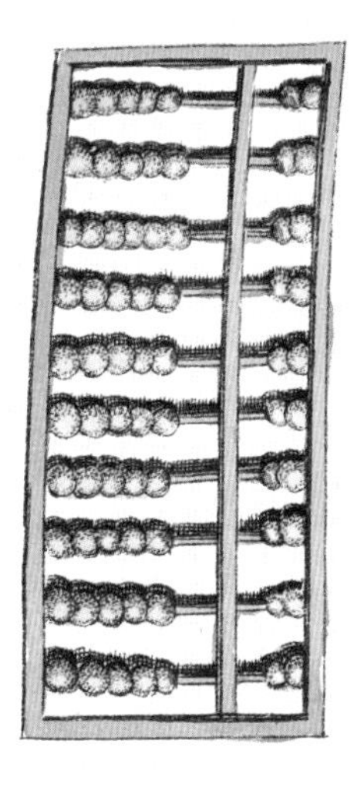

一种计算工具——算盘（左）与一名瓷器商（右）

人满意的答案。后来的旅行者，包括英国人和荷兰人，无论在这个问题上，还是在石头屏风的问题上，也都没有进一步的收获。

伯丁先生一方面努力地用这些中华帝国最珍贵的艺术和自然产品丰富着他的国家，另一方面也希望反过来能给中国人一些新的乐趣和新鲜的事物作为补偿。因此无论两位中国门徒要求什么，他都会提供给他们，甚至包括最琐碎的东西，如给他们买剪刀、小刀、削铅笔的刀、眼镜等。

他希望用一些东西向中国皇帝表示敬意，但是常常由于法国传教士的介入而被辱没，甚至还要冒风险。乾隆皇帝在收到两副无色的眼镜后非常高兴，每次出去都要戴着它。那些想把所有外国名字全部中国化的人，给这些眼镜起名为“随驾”——“随”就是跟从，“驾”代表皇帝，因为皇帝走到哪儿，它们就跟到哪儿。

然而，传教士们不能冒险送给皇帝一尊赛弗尔产的皇帝瓷像，也不能送赛弗尔产的头像像章，或是一台检测电流的仪器。在一封信中，晁俊秀神父给出了不能送这些东西的理由。下文是从其中摘选的，可以清楚地展示这个民族非常奇怪的想法。

> 您特别渴望得到一些信息，却似乎忽略了很多。这种周到和细致可能是错误的，会妨碍您发现真相。
>
> 第一，从来没有人把白瓷制成的皇帝雕像送给皇帝，原因有三：一是，这个国家是禁止给皇帝制作肖像的；二是，这尊雕像与皇帝本人一点都不像；三是，雕像没有穿着这个国家的传统服饰——尤其是帽子，像土耳其的包头巾一样鼓鼓的，显得滑稽可笑。
>
> 中国的帝王希望像神一样获得尊崇。如果这个国家的人知道在欧洲，国王的雕像可以放在小酒店前面，暴露在尘土和风雨中，被人们调侃甚至讽刺，一定会嘲笑我们。
>
> 第二，不能送陶瓷雕像还有其他的原因，这在其他国家很难被理解。在中国，一个与身体相分离的脑袋会令人感到恐惧，以至于当一个人被砍头之后，他的亲人或朋友会在第一时间把他的头放到他的躯干上。而且，像章的确很像被斩首般。甚至有人说，他们能够分辨出来刀到底砍在了什么地方。
>
> 第三，检测电流的仪器并非毫无用处，但我很怀疑它在这里是否能派上用场。因为无法从它的运作中看出原理，不难理解，中国人会认为这是魔法。这在欧洲简直是难以想象的，然而在这里却是千真万确的。这与“勤奋的作家”情况不一样。（“勤奋的作家”是一个机器人，它的胳膊和手指在弹簧的作用下可以移动，能够在纸上写出任何字。）我们可以展示使手运转的弹簧和轮子。另一个也很重要的原因是，我们不能确保管道不会爆炸。我在兰斯曾经见到过一个质量非

常好的管道，它使用了很长时间，但在操作的时候爆炸了，炸掉了检测电流的仪器的两个手柄。如果这样的状况发生在皇帝面前，那么一切都完了。

为了更好地理解最后一段，我们必须明确的是，当时检测电流的仪器最主要的部分是一个玻璃球，并不像现在是一块玻璃板。正是晁俊秀神父提到的这场事故，促使这些机器得到很大的改进。玻璃板直径很大，这是它的优势，而玻璃球则不行，还要盖上塔夫绸的罩子来进一步增加强度。博学的凡马隆（Van Marum）在赫尔姆学院的巨大机器上就是这么做的。二者的表面积相等，平板比球体更不容易被弄碎；而且万一发生同样的事故，其后果也轻得多。平板转得更慢，然而，快速运动会通过大量轮子传达给球体，其力量超过手柄作用力的十倍。晁俊秀神父信中的最后一段很清楚地显示出：传教士们是政府的使者。

让我们把话题回到插图上。在店主左手边的柜台上，有一个很小的工具，叫作算盘。同一图左侧还有幅放大图。因为描述这个工具需要相当多的细节，接下来的一篇将专门讲述。

计算工具——算盘

尽管中国人的算术跟我们的一样，也是以十进制系统为基础（这一系统借鉴了阿拉伯人的算术），但是他们不能像我们一样用阿拉伯数字，而是用他们的数字做四则运算。他们的数字（下文将讲到），跟罗马数字有很多相似之处。他们可以用一个类似于罗马算盘的工具进行所有的计算，甚至是最复杂的计算。他们的邻居暹罗人则不用这些穿在一起的珠子，而是用笔计算。

中国人把这种计算工具叫作算盘。算盘是长方形的，用木头或者铜做成，上下分成两个大小不等的部分。其中嵌入十个铜柱，在大分区里，每个铜柱上有五个骨质或象牙的球，小分区里只有两个。小分区里的每一个珠子表示五个单位；大分区里的每一个小珠子表示一个单位。

计算时，他们以一列为个——左边的第一列或者右边的第一列，这主要取决于使用者的习惯，但一般是右边的第一列。其他列代表的数字依次成十倍增加，分数是十进制的，像整数一样计算。

在算盘的帮助下，中国人能够完成最复杂的计算。他们使用算盘时，思维非常敏捷。杜赫德曾提到，皇帝当着传教士的面，查证南怀仁神父提出的一个天文学半圆。他熟练地使用算盘，比托马斯神父用阿拉伯数字运算得还要快。

前文提到，中国人表示数字有一套独特的符号。至少从形式上看，这些符号跟罗马数字有一定的相似之处，只不过采用的是水平的符号。数字 10 不像我们的“X”一样是圣安德烈十字，而是“十”，类似于我们代数中的加号。数字 2 和 3 分别用两条和三条水平的线表示，将一条线摞在另一条线上面。数字 4、5、6、7、8 是用汉字表示的，看起来有些随意。数字 9 在罗马算术中是在 10 的前面加一笔，表示个位数的结束。数字 11、12、13……是在“十”后面加上“一”、“二”、“三”……表示的。二十几、三十几的数字表示方法与之类似。

博学多识的海格博士曾经要给我们一本完整的汉语字典。他也惊异于罗马数字和中文数字间的相似之处。他提出了更多的相似点：三个主要的罗马数字 I、V 和 X，在汉语中与罗马字母读音相似。

很明显，在汉语中，“一”和“五”的发音分别是“e”和“u”，像古罗马的元音“I”、“U”或者“V”。但是对于海格博士说的“十”在汉语中的读音几乎就是“X”，约翰·巴罗先生认为并不恰切。事实上，海格博士使用的是葡萄牙人的正字法。“十”在中国的发音是“cha”或“che”。

必须承认，虽然约翰·巴罗先生的类比没有问题，但只不过是个巧合。需要指出的是，我们不能确定古罗马的字母“X”是如何发音的。仔细考虑一下，在当代的罗马语言中也没有这个字母，例如意大利语说的是“Alessandro”“Serse”，而不是“Alexander”“Xerxes”。海格博士的错误也许并不像这位有趣的英国作家认为的那样重要。

我有更多的理由相信古罗马人发字母“X”的音时类似于我们的“S”，两者或多或少会有一些接近。至今在《泰伦速记》中还保留着一些档案或速记。泰伦以此向后代传递西塞罗意味深长的演讲。后来，居普良（St. Cyprian）将其收录于《殉道圣人录》（*Acts of the Martyrs*）中。本笃会的修士们、卡尔庞捷（Carpentier）和马比央（Mabillon）搜集并解释了《泰伦速记》中记录的关于中世纪的一些有趣内容。我仔细研读了这些词，认为“Judex”和“Vides”是用同一个符号记录的——一个明显的证据是，那时人们发出来的音跟现代人发出来的音相比，差别更小。他们说“Ioudes”和“Ouides”时，发音非常接近，速记时用同样的符号作标记可能都不会有什么不便之处，速记的基本符号需要方便简约。

伟大的称量工具——杆秤

下页这幅插图中，店铺里的男人的工作就是称量物品。中国人主要使用两类称量工具：一类有两种尺寸；而另一类有点像罗马的提秤，使用更为广泛。后者利用了力学中的杠杆原理。它的支点不是在中间，而是非常靠近提重物的一端。秤砣在秤杆上可以移动，秤杆上划分出了一些特定的刻度。

有的人说中国的秤不准，不同的秤相差 1 至 5 斤不等。作为地方的标准，由官府颁布的标准是不变的，就像以前巴黎的子午线作为长度测量的标准一样（在新桥的中间，还有一段古代子午线的标准：封在桥面石头中的一块铁）。

依据德金先生所言，中国的 1 斤相当于 600 克 292 毫克，比我们的 1 英磅重。1 斤分成 16 两；1 两分成 10 钱；1 钱分成 10 分。

中国的称量工具——杆秤

中国的舢板

海浪一直冲击着中国的海岸，但中国人却无意于在大海中航行，他们的海运业发展缓慢。尽管如此，他们也有一些船可以远航到达马尼拉、班卡和巴拉维亚。他们在这些航程中利用了有规律的季风。这些季风每隔六个月变换一次风向，其风向或是朝东北或是朝西南，所以也被称作季候风或者贸易风。

与其说是航海中的实际困难让中国人不能去更远的海域探险，倒不如说是因为身处大海中时，他们看不到海岸线，不能确定所处的位置。我注意到他们自古以来就知道指南针，他们的指南针比我们船舶甲板上用的指南针小很多，指针很少会超过 9 行或者 10 行字。

他们广阔的国土上有大量的河流和运河，这让中国人对内河航行更感兴趣。外国人使用的舢板（这个词源于欧洲）荷重 100 至 600 吨，平底，有一个高大的船尾。中国的船头在某种程度上有一些残缺，经常是一个张着嘴的龙头的形象。约翰·巴罗先生将中国舢板的形状比作第四天的月亮。

在我们欧洲的船上，船尾的位置很重要，船长室就设在这里，与船员和乘客隔开。而在中国，船头是最尊贵的地方。这是因为舢板往往是顺风航行，而不是侧风，货物都堆在船尾。

大舢板上有三根桅杆：中间一根最高，就像我们船上的主桅杆；另一根倾斜的桅杆相当于我们船上的船首斜桅，从水的边缘划过；另外，有时还会加上斜杆帆。桅杆没有被分成与舷窗相连的不同部分，也就是说，他们的船上一般没有中桅。他们只会在天气好的时候使用中桅。船帆并不是用帆布制成的，而是用一些质量比较好的席子做的，靠竹子支撑整个幅面，间距约为 1 英尺。它们像扇子一样，可以一层层地折起来。

在欧洲的船上，系索一般位于船帆的顶端；而在中国的船上，系索则往往位于较低的位置。中国舢板的底部和货舱是其特有的结构，被分隔成了 12 个小隔间。用来隔开这些隔间的木板大约厚 2 英寸，接缝处由胶粘合在一起。这种胶是石灰、油、竹屑的混合物（在英国，通常还会在胶里混进毛发，以增加韧性）。丁威迪博士是马戛尔尼的随从，他发现这种结构不仅可以防水，还可以防火。斯当东说，毫无疑问，相对于涂沥青、焦油、松脂和肥油这些中国船上从来没有用过的材料，这种方法更可取，不管是对木头，还是绳索。前面说过，线缆是竹子做的，会在尿液中腐烂。锚是铁梨木做的，非常结实。犁头也是用这种材质做的。

货舱的分隔是一个非常明显的进步，即使一个隔间进了水，也能保证水不进入

中国的舢板

其他隔间，储存的货物不会被淹。然而必须承认的是，这样也使储存货物的空间大大缩减。斯当东和德金先生都认为这样的设计不能用到战船上，但用在普通船上有很大优势。

我想到一个严重的缺陷：如果欧洲船的货舱出现一个裂缝，会很容易发现，用抽水泵很快就能解决这个问题。但如果有很多隔间，就需要有同样多的抽水泵，而且很难发现到底是哪个隔间出了问题。

中国的战船在形制上和那些用来长途航行的船比较相似，配有小型炮和毛瑟步枪。靠桨前行的舰船配有转环。所有战船都有权配备炮或毛瑟步枪，但是商船不允许配备任何武器。如果他们不幸被海盗攻击了，只能用石头或一头削尖的竹子自卫。

灯和蜡烛

如下页插图所示，这些中国的灯制作得比较粗陋，一般是用泥土或金属制成，放在凳子形状的台子上。灯油一般是从油桐（很像我们的胡桃木）的籽中提取出来的。他们也用这种油来上漆。此外，还用一种石油作为灯油。中国人用来制作蜡烛的油脂并非源自动物，而是来源于一种特殊树木的果实。这种树木天然能够渗出这种物质，如同反刍的动物天生具有那种细胞组织一样。

这种树叫乌桕，只有在炎热气候下才能茂盛生长，其产地为江西和浙江等地。它属于大戟科，却和樱桃树类似。开的花很小，有的是白色，有的是黄色，雄雌异株。果实成串地长在大树枝顶端，包在棕色三角形的荚里。荚里有三个隔间，每个都包裹着三颗白色的种子。种子都是小小的菱形，上面覆盖着一层薄薄的油脂。将这种果实煮沸，油脂就会飘在水面上。撇出这些油脂，再加入一些亚麻籽油，就可以用来制作蜡烛。

烛芯是由多种物质构成的：竹丝外面裹上一小条灯心草、一条艾叶、一种蓟或一片石棉（这是一种不能燃烧的含矾土的物质）。那些质量稍差的蜡烛的芯大多是用竹子做成的。从一头点燃，另一头插在一片用作烛台的大木头上。斯当东先生指出，中国人节俭的性格促使他们发明了这种叫作“盛油碟”的东西。这种东西在欧洲只有贫穷阶层才会使用，据说可以节约一支蜡烛的十分之一。

只用油脂制成的蜡烛容易熔化，可以在外部涂一层薄薄的蜡来补救。它们被涂成绿色或蓝色，更多的还是红色。中国的蜡烛有三四英寸长，形状像一个颠倒的圆锥体。它们会冒很多烟，还会发出难闻的气味。

蜡烛的蜡，要么由蜂蜡制成，要么由其他昆虫从水蜡树的叶子上收集起来的植物蜡制成。中国人为了漂白蜂蜡，会将其放在橘子水里浸泡一百天，或者用扬子江的水反复冲洗。从树上收集来的蜡比蜂蜡更白，也更坚固。

韩国英神父说过，中国的黄蜡拥有一个特殊的性能，如果是真的，那确实很神奇。他说：“将黄蜡和干枣揉在一起，然后煮沸，制成一种糊状物。只需一点，就可以维持好几天的生命，不被饿死。必须承认，黄蜡是从植物中提炼出来的，经过蜜蜂的加工浓缩成为佳品，也许是非常有营养的，至少在某些国家是这样认为的。”

1. 一盏放在凳子形状台子上的灯

2. 蜡烛

3. 烛台及一支燃烧着的蜡烛

4. 蜡烛

中国鞋匠

下页这幅鞋匠的图来自广州。鞋匠为欧洲人提供服务，同时也为中国人提供服务。中国鞋子的鞋底很坚固，在脚尖的地方会翘起来。鞋面通常是用布做的，从腿的下部覆盖住整个脚。关于这个话题已经有很多说明，读者可以参考。

戴锁链的犯人

这种囚禁方式是极端严厉的。罪犯的脖子上戴着一根铁链，铁链连着一根很长的竹筒，竹筒被另一根铁链固定在地上。这个罪犯可以围着中心转圈，甚至可以坐下或者躺下，但始终与中心位置保持着同样的距离。罪犯站起来走动的时候，不得不用手扶着竹筒，以免脖子因为铁链的摩擦而撕裂或脱臼。

当那些被判拖船的罪犯暂时不用工作时，通常就用这种方法将他们监禁起来。在中国，司法审判是无偿的。负责审判的官员由政府支付工资，禁止当事人来访，禁止受贿。当他们坐上法庭——在中国叫作“衙门”时，必须禁食，至少不能喝酒。当事人可以亲自诉说情况，或者以书面形式提交状纸，没有顾问或者律师为他们辩护。

戴锁链的犯人（左）与中国鞋匠（右）

在八月的节日里卖糖兔的小商贩

本页原图的图说是“在四月的节日里卖糖兔的小商贩”。通过安文思神父我们可以得知，这个节日不应该在四月，而是在八月。

“在这一天，从太阳落山到月亮升起，直到半夜，每个人都和亲朋好友一起到街上、其他公共场所、花园或房子的露台上散步，在月光下等待玉兔出现。在前几天，他们会互相赠送月饼。月饼圆圆的，代表满月。其用面糊、坚果、扁桃仁、麦粒、糖和其他原料做成，最大的大约有两只手那么宽，中间有一只玉兔。人们会在月光下吃月饼。富人会用好一点的器具演奏乐曲，而穷人使用的大多是鼓、罐鼓和锣，没什么艺术价值。”

以前有个皇帝为了庆祝这个节日，曾经在兔山上建造了一座宫殿，叫作清玉殿。

“我们欧洲人，”安文思神父说道，“也许会觉得中国人把月亮上的斑点当作玉兔非常可笑，但是反观我们自己的一些想法也很荒谬可笑。当中国人从我们的书中看到我们在太阳和月亮上画人脸时，也会嘲笑我们的。”

在八月的节日里卖糖兔的小商贩

我在别处也曾注意到，在中国人的眼中，月亮上的斑点代表一只玉兔正在捣着石臼里的米。到阴历十五前后，他们想象着自己真的看到了玉兔。

通过安文思神父我们已经了解到，月饼代表满月。但在插图中，月饼是一种平平的饼，上面有玉兔的形象，玉兔坐着或者蹲着，正在吃一些圆的东西；中间的月饼用雄孔雀的羽毛装饰，上面有一个月亮，还有一只玉兔在捣米。很显然，这个月饼肯定比其他的都贵。小贩摇一种小孩子的红色玩具招徕顾客。（这个习俗会不会是在纪念某个伟大或者神圣的事件？比如我们现在仍食用主显节糕饼、薄饼、油炸馅饼和十字面包。）

尽管中国的哲学家在天文学方面有一些正确的观点，例如他们了解日食的计算法则，但中国人仍然迷信。人们坚定地相信，出现日食或月食时，太阳或月亮被一只天狗吞噬，月亮本来发光的部分被这个想象中的怪兽吞掉了。

日食或月食只有在黄道的节点上才会发生，也就是在黄道与月亮运行轨迹的交叉点上，通常位于天龙座的首部或尾部。人们不理解天文学家说的话，以为指的是一条真正的龙。

当日食或月食即将出现时，北京的大街小巷及其他的城市都会贴出告示，展示天文学家计算出的日食或月食的范围。然而这并不能减少人们的恐惧，他们会使用锣和大鼓，甚至壶来制造出巨大的噪声，直到他们认为把龙吓跑了为止。

日食和月食，尤其是日食，在中国被认为是一种凶兆。如果日食发生在新年第一天，就更加糟糕了。乾隆六十年的第一天就发生了日食，这在全国引起了大范围的恐慌，因为乾隆皇帝在这一天宣布退位给他的一个儿子。这位精明能干的皇帝发布了一份公告，以驱散这种恶劣的影响。

他说：“尽管日食对人的幸福或是悲伤并没有什么影响，但发生日食时，我们通常要检讨自己，并采取有效措施来纠正我们在治理国家过程中出现的任何错误。迄今为止，这种情况下我总是如此。”

笞刑

杖刑和鞭刑在中国是非常普遍的惩戒方法。官吏有权对任何他们认为有罪的人用刑。这是一种父权式的处罚，并不是一件很丢脸的事。

犯人趴在地上，一名行刑者跨坐在犯人的肩膀上；另一名行刑者用鞭子绑着犯人的腿；第三个人用一根长长的鞭子猛烈地抽打犯人的大腿。鞭打次数由官员决定。

审判官给犯人判定杖刑后，会立即当场施行。他的桌子上有一个签筒，里面装满了签子，大概 6 英寸长，1 英寸宽。审判官如果抽出其中一根丢在桌子上，犯人就要被杖打 5 下。

犯人被打的次数不会少于 5 下，有时甚至是 50 下，但不会致命。我们听说，一些人为了钱会替别人受罚。这些人通常会和差役私下达成协议，把一部分报酬分给差役。这样，行刑者会打向一边，几乎碰不到犯人。

对罪犯施以笞刑

南方的运酒车

中国的酒是一种发酵酒。北方用黄米酿造，南方用江米酿造，江米是比用来吃的米小一点的米。

先把粮食放在大锅里煮，取出来放凉后，放进去一种小麦制成的酵母，揉捏后放进大漆罐里。经过五六天发酵后，酒就制成了。因为有时会混有沉淀物，需要用一个很大的布包进行过滤，然后放在大罐子里。这些酒必须保存在凉爽的地方，否则就会变酸。

中国人习惯把酒加热了喝。在喝酒之前，他们会把酒放进一个小巧的锡制酒壶里，然后把酒壶放进滚烫的热水里。这种酒呈黄色，因此叫作黄酒。但产地不同的话，其名字不同，品质也不同。

最好的酒产自江南，名为惠泉酒，这个名字来源于品质上乘的泉水，人们就是用这眼泉水酿酒的。一瓶酒的价格大概七八便士。绍兴酒产自浙江的一个城镇。据说酒刚酿出时非常酸，但是它口味醇正，广受欢迎。当皇帝斥责他的朝臣生活得太好时，就会说他们喝的是绍兴酒。

“中国的酒，”一份手稿的作者说——他的作品现在就在我手边，“不会像葡萄酒那样使人心情愉快，极少有欧洲人喜欢。我们希望能在自己的住处用葡萄酿酒。几年间，传教士和新来的人都试着用自己国家的方法酿酒，意大利人和葡萄牙人成功了，然而，并没有法国的好。他们用中国的葡萄只能酿出很稀、颜色浅、气味冲、容易变质的酒。这是毫无疑问的，因为在葡萄的成熟期，会有规律地下五六星期的雨。如果雨水不够充足的话，那些葡萄种植商就会小心翼翼地挖出一些沟，往沟里灌水，这能让葡萄长得更大，产量更多。

“然后他们决定煮沸这些新酒，直到蒸发掉三分之二。我们在《巴黎日刊》上曾经读到，一个很有地位的人曾告诉大家，他的葡萄藤上的一些葡萄还没有成熟。他认为加一些糖就可以，于是在葡萄酒里放入了一定量的糖。迭罗（Raux）做过这样的实验，而且完全成功了。我们很感谢这位绅士公布了这件事，也感激报道这件事的记者。”

杜赫德依据早期传教士的说法，提到了一种产于山西的羔羊酒，但不清楚是如何用羔羊的肉酿酒的。与现在相比，过去中国有大量的葡萄园。目前已知的中国最早的葡萄出现在汉代，约公元前125年。用葡萄酿酒的方法接近于希腊和罗马。国家曾经下令将葡萄藤连根拔起，因为它们的种植太成功了，以至于影响了玉米的种植。然而，葡萄在一些省份又被重新种植。气候的湿度对葡萄的产量有一些不利的影响。尽管北京的纬度跟马德里和那不勒斯一样，但是必须在冬天把葡萄藤埋起来，在夏天培育。

没有什么证据比杨的一封信中的一段文字能更有力地证明中国的酒不合欧洲人的口味。这封信是他在广州写给伯丁先生的秘书的：

在这封信的最后，我恳求您告诉伯丁先生，因为习惯了喝法国的葡萄酒，我们现在很怀念它。30瓶葡萄酒够我俩喝一整年。

我们在一个小备忘录中发现，他们的资助人很慷慨，从赫雷斯订了一些葡萄酒给他们寄了过去。

在中国，葡萄干的需求量很大。这些葡萄干来自哈密地区，其种子相当大。关于中国的葡萄文化，我有一部韩国英神父的著作，里面的记录十分奇特，也很广博，很可惜它太长了，无法出版。

在其著作中，依照习俗和礼节，神父热情地赞美了中国人和他们的国家。序言中提到的《中国杂纂》就是他创作的。起初，他担心以自己的名义发表不太好，于是强烈建议以伯丁先生的门徒孔先生的名义发表。他把回忆录送给了一位公使，并告诉他要保密。公使给神父写了这个便笺：

非常感谢您的信任，我一定会小心地保护这位苦恼的隐士的秘密。

这位公使实际上和德金先生谈到了这套著作。他说其作者是一个精通我们历史、由我们抚养长大的中国人。一位中国人驳斥欧洲文人写的所有东西，德金先生知道后非常惊讶。他构思了一个很长的答案，交给了学会，并把他的观察结果发给了伯丁先生。在信里，他是这样说的："我一遍一遍地读这位中国人的论著，其中有一些好的内容，也有很多非常大胆、毫无根据的内容。字里行间的专横语气，有时会引起学会的不满。我对比了它和韩国英神父同一主题的文章，结果韩国英神父的观点更吸引我，但是与这个中国人相比，他更痴迷于中国的文物……"

犯错的通事受到惩罚

本页这幅插图呈现了一种在中国很普遍的惩罚。在广州，这种惩罚经常被用来惩罚故意在公务中犯错的通事。罪犯跪在两个行刑者中间，腿上放着一根很长的竹竿。行刑者捉着他的胳膊，用脚踩竹竿。罪犯多少都会感觉到疼痛，疼痛大小取决于罪犯犯罪的严重程度。

古代中国人的惩罚方式是在前额上做一个黑色的标记，截断身体的某个部分，如鼻子、脚、腿腱，还有死刑。被判拖船的犯人往往需要拖着船行进200至300里，距离由其犯罪的轻重程度决定。

犯错的通事受到惩罚

刀、火枪、弓、箭及其他军事武器

汉族和满族骑兵既没有毛瑟步枪，也没有手枪，只配有长矛和军刀。他们练习在马背上灵敏又平稳地厮杀，如同阿斯特利人、十字军、英格兰戴维斯的军队和巴黎法兰克尼的军队那样。

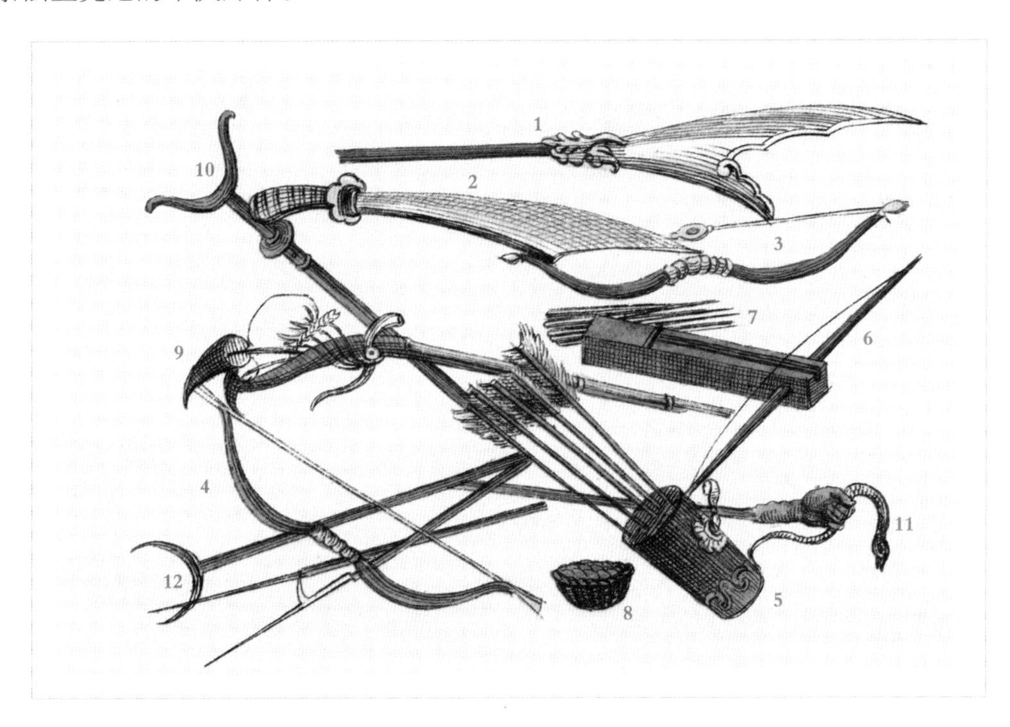

1. 戟，头是铁质的，非常宽，十分锋利。它更像是游行时的工具，而不是战争中实用的武器。其由皇帝、总督及其他大官的随行人员携带。

2. 弯刀，比较宽，供骑兵们使用。

3. 中国的弓。弓弦中间有一块象牙或金属，用于固定箭，并且能在射箭时加强力度。

4. 中间不带圆片的弓

5. 箭筒

6. 弩

7. 用弩发射的箭

8. 装有铅弹的篮子，铅弹也可以用弩发射。

9. 火枪，枪后部挂着一个袋子，里面有火柴和两个角，一个是为火药准备的，另一个用于铅弹。

10. 铁钩，用来支撑火枪射击。

11. “正义之手”，由皇帝和总督的队列人员携带。这是一个雕刻的抓着蛇的手的武器，正如希腊神话故事里那样象征着审慎严谨。

12. 三种长矛：一种是笔直的铁矛；另一种在前端加了一个弯钩；第三种的顶端呈新月状。

拶刑

罪犯的手指被分别放进小圆棍之间，一旦拉紧绳子，这些木棍便会收缩在一起，使手指变形，甚至脱臼。这样的刑罚通常被用在生活放荡的妇女身上。本页插图展示的就是一名被施以拶（zǎn）刑的可怜女性。

在诉讼过程中，夹手指和压踝关节都可以用来惩罚和审问。不仅可以用于被指控的人，当官员怀疑一些证人没有提供真实证据时，也可以用这些刑罚。另一方式是用样子像鞋底的一种木质刑具来击打，这种刑罚带来的疼痛感非常剧烈，一个男人被打五次就会昏厥。

被施以拶刑的女罪犯

枷刑

东方民族以戴枷来标记罪犯。他们把罪犯的脖子固定在一个中间有洞的大木板上，这个木板分成的两半，被木钉或铁钉钉在一起。木板上写着这个罪犯的名字，以及他所犯的罪名、被判戴枷的时间，通常时间会很长。木板的两半用两根布条或者纸条封起来，上面有官员的印章，所以罪犯不能偷偷逃脱。

实际上，罪犯通常可以自由地去任何想去的地方，但需要扛着枷。枷一般重74磅，有的重达200磅。犯人看不到自己的脚，也不能把手伸向嘴边，如果没有朋友或者一些有同情心的人的帮助，他就会被饿死。为了使自己轻松一点，他会把枷的一个角抵在地面上，或用一种凳子支撑着枷的四角。服刑结束后，这个犯人会到官员面前，让官员检查封条，然后取下枷锁。官员对这个犯人进行轻微的鞭打以后，就可以把他放走。

配有火枪的八旗士兵（左）与被施以枷刑的罪犯（右）

在波斯，除了脖子和头，犯人的一只手也要戴枷。但在一个名叫巴洛克(Paleuk)的国家，这种枷锁更轻，而且形状和中国的也不一样。威廉·亚历山大是马戛尔尼使团的记录员，他没有如实记录中国的枷锁，只画了罪犯的一只手被限制在枷锁里。

在中国，死刑有三种方法。一种是绞刑，即使不算最温和的，至少是最不失尊严的。一种是斩首，这让人声名狼藉，只用于犯了最严重罪行的罪犯，中国人认为最耻辱的事就是肢体残缺。由于这种成见，中国人对另外一种死刑更为恐惧，那就是千刀万剐。这种刑罚是用军刀施行的，罪犯在瞬间被劈成很多片。“万”这个词通常是一种夸张的说法，表示很大的数字。当他们说“一万”时，会采用一种迂回的说法：“一”加“九千九百九十九”。

被判死刑的罪犯在宣判后不会被立即处死，而是与他们的审判卷宗一同被送往北京。每年秋天，刑部官员都会聚集起来重新审查当年宣判的死刑案件。他们写上意见和理由，呈给侍郎[1]。所有犯人都戴着铁链，关进不同的粪车里，被带进皇城。这些犯人会被法官分别审讯。审判官根据其犯罪的严重程度，来确定犯人是被执行死刑、取消死刑，还是减刑。在这一年中被判死刑的所有罪犯将在同一天被处死。

尽管这个帝国疆域辽阔，但是死刑犯的总数很少会超过两百，其地方治安官警戒严格。可以确定的是，他们只对威胁到国家安全和帝王安全的罪犯施以死刑。杀人犯中，谋杀和过失杀人没有区别。小偷如果带有攻击性武器的话，同样会被严厉惩罚。因为在这种情况下，他有可能谋杀他人。斯当东先生说，刑罚的宽容表明中国的犯罪很少。这的确是事实。但在大饥荒时，严厉的惩罚也不能控制犯罪。

---

[1] 中国古代官署刑部的副主官。——译者注

配有火枪的八旗士兵

上篇插图中这种枪的口径适中，不需要安装在铁枪架上。跟中国的枪相配的枪架通常是用艾蒿做成的。

关于绿营和八旗士兵，前文已经详细介绍过，这里不再重复，只介绍一下中国人对抗敌人所采用的一些独特的阵型。黄帝把军队分成六部分，分别叫作天、地、云、风、衡、枢。姜太公把军队分成五部分，象征五大行星。其他将军则模仿龙和神龟。

以上这些策略并不像下面这位将军一样愚蠢：他在西西里岛作战时，按照人的身体，即头、胳膊、躯干和腿来排兵布阵。由于这愚蠢的想法，他得到了应有的结果——被彻底打败。

现在前四卷的工作终于结束，其间我面临了很多难以想象的困难，不只是篇幅长，我还希望通过此书向大家介绍更多新的观点和事实。

在后两卷中，我将每幅版画作为每一章的主题，尽量将收集到的所有相关的信息进行有组织地阐述。然而，在描述插图时，我不能始终保持有条不紊，偶尔会有离题的情况。

为此我投入了相当多的精力。同时，我不希望读者只了解梗概，而错过关于中国的更多精彩内容。我的目的是提供有关中国的所有有趣事物的概况。

在中国的历史和起源方面，我不想设定任何新体系，也不认为这本书解决了古往今来连那些最博学的专家都没有克服的障碍。我唯一的愿望就是，收集更多的信息，向大家介绍一些新的东西，或欧洲人知之甚少但会感到新奇的东西。

相比马戛尔尼伯爵、蒂进先生、范巴澜先生等其他欧洲人，我相信传教士们有更多机会观察中国的风俗。为了完成此书，我翻阅了他们所有出版的和未出版的信函。虽然之前我阅读了很多关于中国的著作，但我还是发现了一些全新的或者鲜为人知的内容。这一大堆书信大部分都毫无意义，或者与主题无关，从中找出能够阐释这些版画的内容，需要十分审慎和细心。正是这种细心促成了这套书前四卷的成功，于是我有了更多的闲暇来完成后两卷的写作。我手中还有大量的文档，这些文档之前没有交到我的手中。希望这两卷拙作能和之前的作品一样得到大家的喜爱。

中国缩影·上

第五卷

中国服饰与艺术

阿哥的仪仗（一）[1]

伯丁先生收藏的中国画中有一部分是长轴画卷，我和编辑都觉得不应该收录这些图，因为它们很难裁剪。对皇帝长公主图画的处理也是如此。相比一幅描绘公主全副仪仗的长轴画卷，我们优先采用了一幅公主乘坐轿辇的简单形象。第二卷中我们曾讨论了相似身份的人物，其描绘的是皇长子和家人在一起的细节。然而，为了引起大家的兴趣，在这一卷里，我们想到要增加一些描绘阿哥和公主仪仗的图片。

前文曾介绍，中国人的仪仗相当庞大，经常有一群侍卫和随从。我们可能会因此认为，在中国，其他所有皇子的仪仗和皇长子的仪仗一样庞大，但实际上并非如此。这幅画的作者只描绘了 24 名随从，我们原以为很难看到比这规模更大的了。原因很简单，中国人都喜欢被前呼后拥，让周围的人衬托自己。这有点像罗马的名人们后面都会跟着一大帮形形色色的人。而相反，同样的排场对一个普通的皇子而言却可能是致命的，这意味着其可能心怀不轨，他很可能会因此而获罪，受到惩罚。其他亲王更为谦逊，他们的随从有时候仅仅是两三个骑马的护卫。

阿哥的仪仗和其他的仪仗相似，队首都是两个步行的执鞭的人（区域 1）。紧随其后的是两个骑马的人。他们被称为静屋令[2]，负责驱赶人群。这和法国有点类似。在以前的公共仪式上，我们还没想到用两列卫兵将庄严的仪式和摩肩接踵的围观民众分开。卫兵手执粗桦木棍[3]驱赶那些莽撞好奇的民众。我最近看到的一幅路易十四时期的版画，描绘了波斯使团进巴黎的盛大场面，其中有一场士兵和民众之间滑稽的肢体冲突。一个士兵的胡子被一个人扯着，而他正在用长矛的把柄打另一个民众。

在驱赶民众的时候，中国的士兵们也丝毫不轻松。在英国大使馆和荷兰大使馆，北京的下层民众就挨过鞭子。中国人尤其讨厌荷兰人。朝鲜大使的几个随从曾进入荷兰大使馆，无礼地摸他们的衣服和头发，并为此洋洋得意。中国人不敢这么放肆，他们只要能挤到近旁围观就心满意足了。

跟在两个步行导引和两个静屋令之后的是王府的官员和军官。他们的胸口都有一块方形刺绣，用以表明等级。军官的胸口是一个四足兽的图案，而王府管事的图

---

[1] 本篇文章中的图片缺失。——编者注

[2] 这是一个历史词汇，参见圣富瓦的论文。

[3] 这一片段及前面的一些关于乾隆皇帝或公开或私人的生活细节描写都源自伯丁先生的手批“抄录呈于国王陛下”。这些未曾发表过。

案则是一只鸟，如图中第五和第六个人。

前六个人（区域3）帽子上都插着一根简单的蓝翎。后面跟着的两个人的帽子上装饰着花翎（区域4），这也说明他们的地位更高。静屋令二人即使骑着马，头上也没有任何装饰。

路面上铺的都是大石板，蜿蜒至连绵的山丘脚下。这种曲折的路在中国非常多，很多地方都能见到。图中的房子是非常简朴的农村民居。这些民居的建筑材料是晒干的砖块，有的甚至是简单的土砖。在左边我们能看到一个木质的房子，房柱之间抹的都是土浆和石灰。

阿哥的仪仗（二）

下页插图右侧的两个骑兵虽然并驾齐驱，但是他们的地位却大不相同。靠近读者的骑兵头上装饰着象征着荣誉的花翎（区域5），和他前面的两位一样。他是王府卫队长，而他的旁边是一位静屋令，手执一条软鞭。

他们身后是年轻阿哥的令人尊敬的老师傅。这位老师傅负责照顾阿哥骑马并贴身伺候。他在阿哥前面，隔着一段距离。他帽子上闪烁的红宝石证明皇帝对他的服侍非常满意。年轻的阿哥跟在师傅的后面。他独自一人骑着马，显得鹤立鸡群，享受着人们的崇敬。那些没来得及回避或者为了看热闹而留在路上的人都要跪在路旁，双手交叉放在胸前，无一例外。画家在画作中仅仅描绘了一个旁观者。所以为了更好地描绘这种姿势，他选择了一个戴花翎的官员（区域9）。如此便能显示中国的风俗——民众对所有皇族的人都要肃然起敬。

阿哥上身穿着一件蓝色的褂子，里面是一件黄色的长袍。衣服上椭圆形的刺绣图案宣示着他是一位正宗的皇子，而黄色的衣服则表明他与皇帝关系极其亲密。紧随其后的三个人地位也很高，头上戴着花翎（区域10）。中国皇帝很少如此慷慨地赐予荣耀，然而对于他长子身边的官员就另当别论了。

这幅图的背景是一座中国的陵墓，和平民的房子一样是由砖和土浆筑成的。一种类似方尖碑的建筑就是存放亡者尸骸的地方。中国画家的这个处理似乎带着一些哲学的意味。他将人类虚无的虚荣心与一个崇敬神鬼的地方融合在了这幅画中。

皇子的随从秩序井然，都穿着礼服。这种礼服被称为蟒袍。据韩国英神父说，这些衣服除了补子的形状不同之外，华美程度也根据官员的级别而大不相同。北京的传教士随这幅画寄来了一块皇子的一等服装的布料。韩国英神父在给伯丁先生的信中写道：

> 想从皇家制衣厂中弄出这样一件东西要克服很多困难。我们可不敢冒险找个裁缝把这些布料做成一件衣服。如果我们教会的哪位赞助人乐见其成的话，只要他能帮我们弄到图样，那剩下的就再简单不过了。
>
> 说到蟒袍的形式和上面的装饰，如果没有深入了解其规制布局及中国政府的想法和所有规定，我们是说不清楚它的详细情况的。中国人将这些规定看得极其重要。
>
> 由于蟒袍花费巨大，中国官方规定只有在重大节日和仪式上才会穿着蟒袍。他们还规定用补子来区分等级。补子都绣在褂子上，褂子就是中国的大氅。

阿哥的仪仗

阿哥的仪仗（三）[1]

在这张插图上我们看不到高级官员了。他们的衣服颜色暗淡，长袍上也没有绣花图案。第一个骑马的人物是皇室的管家，我们可以从他身前的红色大公文包认出他的身份（区域11）。管家旁边是一个侍从，手里牵着一匹皇子的备用马（区域12）。这匹马的马辔、笼头、马衣等马具都是黄色的。

跟在后面的是三个负责皇子饮食的官员。前两个人手里拿着一个黄布包裹的大盒子，里面装着皇子的食物（区域13）。第三个人带着一个大瓷茶壶和一个小火炉。火炉不停地燃着香，这样皇子就可以随时歇脚喝茶。整套仪仗的最后是一个侍卫，他牵着皇子的另一匹马。

前文中曾介绍过中国皇室子孙所拥有的特权，然而他们比任何其他臣民都要更服从皇帝的意志。皇帝认为，他的治国方式启发了著名哲学家约翰·洛克的《政府论》的写作。实际上，在中国，君权和父权极为相似。

《大学》记载，孔子在上课时说，君主统治自己的国家要像管理自己的家庭一样，对待自己的臣民要像对待自己的子女一样。武王将他的弟弟周公分封到鲁国时，告诫他的正是这个道理：像一个温柔的母亲爱自己的孩子一样去爱子民，就能管理好国家。

我们可以从中国人写给皇帝的一封请愿书中的用词，了解一点中国人对于他们的皇帝的爱戴和崇敬：

> 您就是我们的父母，我们靠您才能活下去！因为您，我们才有存在的价值！再赐予我们一次怜悯的眼神，看看我们的苦难吧。我们不敢说得具体。请救救我们吧！

在中国，神权被视为是君权不可分割的一部分。中国有好几种宗教，尽管皇帝本人信奉的佛教也被认为是外来宗教，而且并不是大多数国民的信仰，然而所有宗教思想在这个国家都得到了巧妙的包容。皇帝每年都要亲自主持祭祀天地的仪式，这种仪式由来已久，在满族人入关，甚至在佛教传播到中国以前就早已存在。

钱德明神父说："对所有人来说，皇帝是国家唯一的教皇。他可以独自公开祭天。

[1] 本篇文章中的图片缺失。——编者注

从伏羲到乾隆皇帝，从没有人想过取消这一特权，就像从没有人想要取消帝制一样。”

前文介绍过中国的帝位继承顺序。但北京传教士的一封信函中的内容让我必须修改之前的文字：

1. 子承父位。
2. 继承人应为嫡出。
3. 皇后所生的皇子中，长子相对于其他皇子在宗祠祭祖时拥有优先权。
4. 若皇后无子，其他皇子按长幼顺序继承。

这一继承规则仅仅适用于皇帝没有指定继承人时的情况。律法规定，皇帝应在生前指定继承人，所以皇帝便可以将皇位留给他认为最贤能的儿子。

在欧洲，这样的规定可能会引起大麻烦。王子们公开露面，就可以网罗党羽和心腹，这样就能让老百姓相信皇帝不让他们继位是多么不公正了。所以每次王位继承都可能引起混乱和分裂。而长子继承制建立在出生顺序的偶然性上，所以少有怨言和反对。而且，早早确定好的继承人是万众瞩目的焦点。有人会监督他的教育，如果有费奈隆[1]、蒙塔尼耶这样的好老师，就能使他成为一个有德的君主，也能告诫他王位的虚幻和危险，用一句中国俗话来说就是：“高处不胜寒。”

但在中国却并非如此，年轻的皇子们受到的仅仅是普通教育。前文中曾提到，中国的皇子们很少能得到权力，更别提受到器重了。

我摘抄了钱德明神父写于 1783 年的一封信。信中对此有另外一番说明：“我记得曾经和您提起过，前两年，乾隆皇帝想到了一个主意。他打算将他那些一无是处、到处惹是生非、丢尽皇帝颜面的宗室子弟及后代都流放到漠北。这些纨绔子弟想尽一切办法阻止被流放，最终这一计划被取消了。皇帝在其晚年极尽奢华，生怕做出让祖宗失望之事，因此在折腾了一番后，也禁不住心软了下来。但是，施行这一政策只是早晚的事。我们有理由相信施行人很可能就是皇帝的下一任继承人。”

没有任何预兆显示这一政策会在嘉庆年间执行。所有来自中国的信息都表明，帝国和皇族会因为内部纷争而四分五裂。事实上，乾隆皇帝在他最后的日子里想出了另一项措施来体面地限制皇子们。他授予皇子们荣誉称号，并按如下顺序来区分他们的地位：第一等和第二等的皇子的封号是“王”；第三等的皇子为“贝勒”；第

[1] 法国作家、教育家，18 世纪启蒙运动先驱。——译者注

四等的皇子为“贝子”；其他的则为“公”。

乾隆在圣旨中说：“与朕同宗，但系远房的爱新觉罗子孙不可再行封赏。爱新觉罗子孙自先祖起便担任诸多职位，与其他大臣无异，且多有世袭爵位，足矣！”

皇帝是在热河颁布这道旨意的，执行旨意的大臣们有足够的时间来准备。他们进行了最精准的研究，查证从建立帝国的共同祖先开始的每一个宗室子弟父母双方的家谱，确定其和皇帝的远近亲疏，最终给他们拟定了最适合的封号。皇帝还想给他们一件标识以彰显自己的慈爱。他给他们每人一件镶玉或镶银的丝织品，还请他们一起参加盛宴。赴宴人数达到了 2000 多人。这一盛典于 1783 年 2 月 11 日举办。皇帝在宴会上说：“朕仿佛感到此刻先祖和我们同在，共襄盛举。”

皇子们都住在紫禁城内，每个人都有单独的宫殿。他们要每时每刻陪伴在皇帝左右，不停地往返于北京和圆明园——中国的凡尔赛宫——或者北京和热河之间。靠近东北地区的边界有座供皇帝娱乐消遣的避暑山庄，皇帝正是在这里接见了著名的英国使臣马戛尔尼。通过比较英国使团和传教士们通信的内容，我的写作可能会很容易。韩国英神父在信中说：

> 和圆明园相比，欧洲人更喜欢热河[1]：那里的水极美，景色更美丽，更多样，更有田园风情。在热河，皇帝仿佛卸下了重担，满族王公贵族也更自由。皇帝和他们只说满语，有几次皇帝还允许他们参与自己的娱乐活动。
>
> 在这里我们仅举一个例子。几年前，皇帝端着斟满美酒的杯子坐在临溪的亭子里，欣赏着眼前的一切。很多人登上水中的小船，参加一种娱乐活动——划着新式小船互相碰撞。很多船在到达终点之前都沉没了，有的甚至被撞碎了。

在以后的篇章中，我们还将介绍对皇室其他成员的观察。

[1] 伊登勒先生在给马戛尔尼伯爵的信件中将它的名字写得很标准，他为此很得意。他给这座行宫翻译的名字是 Djecho，法语发音 Dje-Ho，其中 H 要发重音。

驮着皇帝帐篷的骆驼

在前文中我们介绍过，中国皇帝出行就像军队出征一样。他很少在路上停留，也很少住在行宫驿站或者当地官员的府邸中，他更喜欢像满族人一样在野外露营。

皇帝的仪仗和皇子公主的仪仗类似，我将在下文中详细描写。但是我已经透露了一些细节。我说过，皇帝坐的轿子在不使用时是用一匹马拉着的。轿子是黄色的，后面跟着另一台轿子备用，以防出现意外情况，或者用来避雨和避尘。轿子上盖着黄色的绸缎，由轿夫极为小心地抬着。

皇帝及随行大臣们的行李都由骆驼驮着。211 页插图描绘的就是一匹骆驼驮着皇帝的帐篷。乾隆在其统治的最后几年里仍然喜欢游幸各地。出行到一些偏远地区的时候，由于道路状况比较差，经常会遇到危险。

1784 年，皇帝打算到孔林举行仪式并巡视这一地区。大臣们纷纷劝阻。他们先说冬天天气严寒，又坚持说皇帝饱受疝气的折磨不宜出行[1]。首席大臣阿桂也趁新年给皇帝上了一道折子请皇帝取消出行。皇帝不顾所有人的劝阻坚持出行，他的病痛不但没有恶化，反而转好了。

四年后，乾隆又差点因为高估了自己的能力而遇险。在热河行宫，他打算去纳木干狩猎。纳木干在北边，离热河有几天的路程。出发的日子到了。尽管阴雨不断，道路泥泞不堪，皇帝还是出发了。烂泥淹没了马腿，抬轿辇的士兵也在泥潭中挣扎前行。泥水溅到了轿子里，溅到了这位天子的腿上。传教士们说："在这短短 5 千米的路上，也不知道皇帝究竟遇到了多少次危险。"

还有一次，乾隆在这一地区狩猎，一条小河突然泛滥。他们仓促地建了一座木桥，让皇帝坐着轿辇先过，以防桥塌。正在桥上的时候，河水突然暴涨。尽管轿夫努力稳住轿子，水还是漫进了轿辇中。大臣们赶紧上前救驾。"桥超载了，"传教士说，"但他们救驾及时。我们无从得知有多少人遇难，但可以肯定的是，随行的很多酒食商贩和侍卫都淹死了。"

在常走的大路上修有皇帝专用的快道。这些御道被精心维护，所以皇帝在大路

---

[1] 在检查了传教士们信件中对这一部分的描述后，我重新读了马戛尔尼伯爵的著作。我惊奇地发现，英国使团出访中国的时候，军机大臣得了疝气，差点被中医治死，后来在英国使团外科医生的救治下才康复。如此常见的疾病，医生们（军机大臣可能没有选择最合适的医生）怎么会弄错症状呢？他们应该看过类似的病例才对。也许在中国，疝气不是一个常见的疾病，毕竟欧洲人穿的衣服偏紧，更容易得疝气。但是最终医生们还是诊断出来了，证据就是：乾隆得了疝气是人所共知的。不仅传教士们可以在信中写出来而没受到惩罚，皇帝本人在一份旨意中也说过，这一疾病阻止不了他的出行计划。

上不会遇到这些危险。

伊登勒先生说："从北京到热河的御道全长差不多 44 千米，每年大修两次。御道在马路的中央，宽 10 英尺，高 1 英尺，由黏土和砂石建成。建造时，路上会先洒水然后用力夯实，所以御道很坚固。这条道路被打扫得一尘不染，每隔 200 步的距离就有一个用来洒水的水池，有时甚至从很远的地方引水。

"皇帝要来的时候，御道就会有人日夜轮流站岗，以防老百姓弄坏御道。一旦皇帝经过了这个地方，没人把守，御道就被踩坏了。"

皇帝出行的时候，会有人在前面报信。这有点类似于朝廷的急报。传急报的人把信放在背上的一个长盒子里，信件一般都是折成长条状。发送或接收信件者级别不同，信件的尺寸也不同。伯丁先生和北京传教士刚建立联系的时候，大部分的信件都无法投递，因为这些信都没有折成合适的尺寸。钱德明神父可能不敢在给伯丁先生本人的信中提起此事，所以他给巴黎的一位学者写了一封信，提到了这一情况："通过邮驿寄送的信件不能折成方形。这些信件要折成六指到八指宽，长不能超过四指。

"在广东，我们的信与总督寄给大臣和皇帝的折子放在同一个信箱里。这个信箱有固定的长度和宽度。这就是为什么我们只能通过回国的同胞才能收到伯丁先生的信。他们到中国一个月后我们才能收到信。"

乾隆皇帝长期坚持这些危险的出巡，是为了迎合那些满族的贵族。他还要迎合满族人和汉族人各自的喜好，来使双方和睦共处。每年元旦的时候，皇帝都给汉族官员举行文试。他亲自主持考试，并加以鼓励，然后举行宴会，邀请重要的大师和学派的领袖参加。

这项仪式后，皇帝会为满族人主持另一项武试。全国最重要的封疆大吏会集在御花园比赛骑射。皇帝本人也会加入，不遗余力地和大臣们竞赛。

骑射比赛的颁奖仪式在皇宫内廷的一座亭子里举行。钱德明神父参加了一次。他在信中说道："大臣们和皇帝一起走到亭子里。皇帝就座后，一位官员一一念出大臣的名字，这些大臣都要证明自己的水平。他们每人射了三箭，但是没有人正中靶心。靶心直径大约 1 英尺，被涂成白色。他们中射得最准的离靶心也有好几指的距离。荣誉会授给正中靶心的大臣。

"所有大臣都完成比赛后，皇帝也会射上一箭。满弦，箭出，靶子瞬间被击倒。有可能是因为这一箭携带的力量，也可能是因为——正如你们所想——大臣们巧妙地动了手脚。我们稍微想一想就能知道，这些武将爆发出了多大的掌声。

"皇帝会趁机劝勉他们不要忽略了骑射功夫。正是骑射让满族人获得了荣耀和成功，为他们开辟了通向北京，继而称王于'四海之内'的道路。"

驮着皇帝帐篷的骆驼

尼姑

在中国，一夫多妻制是合法的。女性的数量尤嫌不够，因此很难想象在这样一个国家中还有决心独身的尼姑。

我们可以在中国的“六经”中找到这个问题的答案。根据钱德明神父的分析，中国男孩和女孩的比率大概是 20 ： 25。女婴比男婴多出四分之一，这使多妻制成为必然。但即使法律允许男性娶好几个妻子，能养活她们的富人还是少数。所以在大城市里，仍然有大量的女孩子未能出嫁。这群被中国人称为“尼姑”的僧人根据教派不同，遵守着或严格或轻松的戒律。杜赫德画过一幅可憎的油画描绘这群女人，并举例说明了如果她们缺乏诚意会受到什么样的惩罚。她们的信仰并非一成不变，她们可以随时还俗。但如果她们想重新获得人们的尊敬和世俗生活的乐趣，将面临严厉的惩罚。

曾经有一个尼姑因生下了一个私生子，被带到县衙判处枷刑。但她的另外一个判决结果却奇怪之极：这个尼姑要嫁给第一个想娶她的人（确切地说是当妾，也就是和仆人差不多），而且只需要付几两银子（大概 10 法郎）的聘礼即可。很快她就有了一个丈夫。实际上这就是一场尼姑买卖。

下页插画中的第一个人物是一个落发的尼姑，她们寺庙的戒律更严格一些。第二个人物是一个在家修行的尼姑，她可以留发。这些留发的尼姑不需要在寺庙里清修。第一个尼姑的服饰是一种深色的长袖宽袍，衬里的颜色则比较浅。她们的头上戴着圆筒状的棕色软帽，和我国古代大理院院长的法帽很相似。这个尼姑身后是个小姑娘，她将来也会成为这样的尼姑。

在家修行的尼姑服饰则好看一些。她穿着一条长裙，袖子很长，上面绣满了图案；外面是一件黑白格的无袖长马甲。她右手拿着一条马尾帚——可以用来清新空气，还能驱赶讨厌的虫子。她的刘海被精心地分到两边，后面的头发则编成一条辫子。

中国的尼姑没有以前多，影响力也大不如前了。1787 年左右，几个尼姑的丑闻事件让乾隆皇帝大为震怒。此后，他颁布指令禁止女人进入寺庙。这一奇事大概是这样的。

在距离京郊三四千米的山上有一座庙，这座庙由一个狂热的尼姑管理。人们布施香火，请她算命或者向她祈求愿望成真，称她为活佛。很多人相信她就是降临世间的神。这种荒唐的迷信很快在老百姓中散播开来。一位朝廷大臣的遗孀和她守寡的儿媳妇给她布施了不少香火钱，这让她更有名了。四面八方的信徒都来求她治病，

1. 剃发的尼姑

2. 在家带发修行的信女

3. 盘香

许各种愿。于是，这个尼姑越来越有钱了。

有钱以后，尼姑开始模仿神话里的神仙。她觉得庙太寒酸，于是重建了一座大庙。她在周边购置田地，在城里购置房产，越来越富有。她这些过分的行为激怒了当地的官员。他们向皇帝报告，说这个狂热的女人使用了皇家的标志——坐在宝座上接见信徒，还使用皇帝专属的明黄色装饰。她的行动被监视了起来，人们发现有一个专门的替身帮她赚钱。朝廷审理了她和替身的案子，并最终处死了她们。

那位大臣的遗孀和儿媳没有被牵涉进这件案子，但是皇帝在一份诏书中点名训斥了她们。最后皇帝颁布了如下诏令："任何女人，无论其地位如何，任何情况下都不得进入寺庙，除非必要不得出门，天亮前不得出城祭祖。如有违犯，其父夫兄子及亲友一起连坐以示惩戒。见女子进庙必须报官，并将该女子投入大牢，直至有人愿意与其婚配，并为其不检点行为受刑。"

根据传教士所说，这一诏令得到了全国上下一致欢迎，尤其是满族人，他们对这一措施暗地称赞。他们终于找到理由将妻子关在家中，而且她们无法反对。他们已经变成了半个汉人，而且越来越汉化。女人们却没有这一变化。她们不急于汉化，反而尽力保持着满族人的风俗传统。目前为止，满族女人不接受裹小脚。如此虔诚地捍卫自由或许正是她们能保住自己脚的原因。

全国各地都恭谨地宣告了皇帝的诏令。这项诏令除了被写进朝廷的公报，还被张贴在一根长杆上。这种长杆是专门用来张贴皇帝旨意的，底下有三足，有点类似于土地丈量员的测角器或者水平仪。上面有三个悬挂告示的钩子。

插画中的第三个形象是一种线香，有时候被盘成螺旋形，在宗教节日时点燃。在中国有一种带香味的小棒子，称作香台。中国人用得很多，每个人都把它装在一个随身的荷包里。配制这些香料需要用植物的根、茎、皮及木头、树胶、树脂等材料。香料里面还混有麝香。西藏有大量的麝，能提供这一香料。端午节的时候，皇帝会把香台赏赐给皇子、大臣及宫里的管事们。据说这种味道会带来一种特殊的效果，如果我手中这份漂洋过海的手稿可信的话：

> 我们的中国书籍都保存在教会会计在巴黎的家中。我们进入储藏室后，一下子就被书籍散发出来的味道吸引住了，并沉醉其中。这些味道是防蛀虫的香台散发的。那种香味至今让人记忆犹新，和这里香台柔和舒服的味道截然不同。

这种香有不同的配方和形状，有一些不是螺旋状而是圆柱形，插在亭子状的小香炉里，或者插在一个装满香灰或沙子的三脚香炉里焚烧。人们一般会在香炉里插一两根香，然后点燃。

街头卖艺的人也用这种香，它的作用和希腊人的沙漏相同。艺人根据香燃烧的长短来计算表演的时间，然后跟观众要钱。艺人精准地在香熄灭的时候停止演唱，而且恰恰停在最有意思的地方。有时候这种策略能吸引一些观众付钱再看下一段表演，而下一段表演亦是如此——就像我们的房产拍卖一样。

水果商贩

下页插图中的第一个人物是一名流动商贩。他肩膀上挑着一副挑子，挑子两头的筐里装着各种瓜果。一般来说，每一种水果都由专门的小贩来卖。画家这么处理是为了不在画中增加过多的人物。

第二个人物是一个摆摊的零售商贩，就像我们市场里的零售商那样。这个小贩卖的是切成片的西瓜，还有格子里的各种水果，每个格子里放一种。这个小贩用来削皮的刀是一种平头的刀，和我们的剃刀差不多。货摊是由竹篾编成的，放在一个轻巧的架子上。他身边还插着一柄灯芯草编的大伞，用来遮阳和避雨。

第一个商贩担子里的切成两半的水果是西瓜，有两种，一种的瓤是黄色的，另一种的是红色的。说老实话，中国水果的味道真不敢恭维。

我们很容易就能认出前边篮子里有一种水果是葡萄。葡萄也有两种，一种葡萄是圆形的，和枫丹白露的白葡萄差不多；还有一种是长形的，就像我们的青葡萄一样。这个篮子的右边还有一些腌制的无花果。据说，这种优良的水果是意大利无花果的一种变种。另一种无花果顶端有一个洞，叫作“穿孔无花果”。这种无花果晒干了很好吃，里面含有大量的糖分，像普罗旺斯[1]的无花果一样。中国人会把它们做成果脯。

无花果旁边是一种长长的桃，顶端是尖的，有点像我们的柠檬。桃对于中国人来说有着特殊的寓意。它不仅是中国人所谓长生饮料的原料之一，还被中国人直接视为长寿的象征。在中国神话中的天宫里有一棵蟠桃树，据说，吃了蟠桃的人就能长生不老。传教士们觉得，这个传说几乎就是伊甸园生命之树的一个翻版。

在这个篮子的中间竖立着一束莲蓬，其外形像蔬菜，根茎像睡莲。我们在前文曾说过这种奇特的中国植物，介绍过它的花。这里我们说一说它的果实。

前文提过，荷花是一种浮在平静水面上的植物，就像欧洲的睡莲一样。在欧洲，睡莲的叶子是圆形的，只有在茎叶结合的地方才有一个凹口。而中国荷花的叶子呈椭圆状，上面有明显的叶脉。我们可以通过版画中的商人手上的莲蓬了解这一点。荷叶很大，直径可达两三英尺，可以拿来当遮阳伞。

荷花通过自然变异或者人工培植产生了好几个变种。主要有四种：黄色荷花、红白荷花、重瓣荷花和粉色带白点荷花。这种植物还有很多别称，最常用的就是莲

---

[1] 位于法国东南部，濒临地中海的蓝色海岸，因薰衣草而知名。——译者注

肩挑各种瓜果售卖的流动商贩（左）与摆摊售卖瓜果的零售商贩（右）

花，以及千叶、芙蕖等。此外，一些作者常常弄混荷花和水栗。水栗的名字有很多，如菱角。菱角对身体特别有益。中国人把它磨成粉，冲成糊食用，还可以和面粉混合在一起做成糕点。菱角的叶子和荷叶相似，直径差不多有 2.5 英尺。叶的背面是紫色的，很好看。叶的正面是一种黄绿色，颜色很柔和。荷花的果实和根也是很健康、很好吃的食物。它的果实莲子有点像欧洲的榛子。莲子开口的时候味道最好，但是不好消化。商人们有很多方法把它做成甜点。

荷花的根——莲藕需要人力挖掘。虽然价格低廉，但是也常常出现在达官贵人的餐桌上。莲藕有很多种烹饪方法，最常见的一种是用盐和醋腌制之后就着饭吃；也可以将莲藕磨成粉，用牛奶或者直接用水冲成糊，特别有营养。

荷叶也有一些用处。可以将荷叶晒干后和烟丝混在一起，味道更柔和一些。当然，它的主要用途还是用来包水果和腌肉。我们从中可以看出，东方的莲花的花香完全没有欧洲睡莲的催眠作用。在中国和印度，它甚至是多子多福的象征。据说，伏羲的母亲便是嗅莲花后孕育了他。

插图中还有中国的另外一些蔬菜和水果，我们不一一具体介绍了。其中有枣、杏、柠檬和橙，还有一种豆子，它在青的时候或晒干或磨粉后食用。此外还有一些油料作物等。

中国人特别喜爱杏，吃得再多也不会腻。杏可以做成果脯或者果酱。中国人觉得出行的时候用它们来泡水喝可以解渴，工作的时候食用能提神醒脑。还有一种小山杏，人们也用同样的方法风干，去核，然后在杏汁或樱桃汁中浸泡数遍，吃的时候可以放在水里，与蜂蜜或者糖同煮。煮好后的汤如果再加一点醋，就是一种非常清新的饮料。中国的老百姓，特别是农民，都很喜欢这种饮料。

中国橙的品种有很多。我们在巴黎成功培植了一种非常奇特的橙树，是一种中国的矮橙，果实只有咖啡豆那么大[1]。还有中国的桃金娘，我们也在巴黎培植成功了。在东方，这也是一种广为人知的植物。

根据这些，我们有理由相信，中国没有很多的专业果园。北京市场上的水果都是郊区的农民种植的。他们在农村的房子周围或在道路两旁种植几棵果树，然后把果实拿到集市上去卖。还有一些小山丘，那里只种水果。然而并没有人趁机把自己的生意做大，也没有哪个农民想通过增加产量、丰富产品种类来与其他同行竞争。有一些地区会用特别的水果来命名，比如夏桃村、秋桃村、冬梨山等。

树林里的树似乎很少为人类提供食物。人们相信天意如此。他们认为，果树害怕长出甜美的果实之后，会遭到人类的过度利用而被毁灭。可可树和香蕉树能结出

[1] 也就是说，它的核果由两个半球形的种子组成（详见佩隆和米尔伯特的游记）。

美味的果实，也正因如此它们才不能成片生长。棕榈树往往喜欢独自生长。印度的柚木、巴黎的乌木树、马达加斯加的纳托树、澳大利亚的木麻黄和景天、冷杉、雪松、落叶松、白蜡树、榆树、橡树、椴树等，这些长在我们花园里的娇嫩的树都有果实，有的果实甚至有毒。在澳大利亚的海岸，我们曾见过，有个潜水员因吃腻了风干的或者不卫生的食物，被红彤彤的果子吸引，贪婪地采食，很快就为自己的鲁莽而付出了生命的代价[1]。

如果我们欧洲的树能生产出大量橡子给人类提供食物的话，将减少多少动乱和不安啊！我不是鼓励人们不劳作就获得丰富的食物，也不是说食物充足后就没有歹徒和强盗之类的坏人，而是说，人类长久以来都被这样一个愿望所欺骗——在自己游牧的路上不用种植、不用打猎就能获得食物。错过了收获季，若不为将来考虑，人口数量很快就会在一场大饥荒中锐减[2]。我们还得担心其他的灾难：如此丰富的资源很快就会被消耗殆尽。当我们够不到树顶的果实时，就会把树推倒；果实在成熟落地之前就会被人采摘一空，这些树木也将无法自然繁殖。

然而，人口超载的中国似乎找到了打破这一自然规律的方法。中国人吃白蜡树的嫩茎、玉兰的花苞和竹子的嫩尖，尤其是竹笋。带涩味的橡子也没能逃过中国人的口腹，他们想出用浸泡的方法来去掉橡子的涩味。他们剥去果肉，将橡子取出，不断加水，用杵捣碎，然后将捣好的橡子泥放在大罐子中，加入大量的水去除橡子的涩味，将水滗出，并重复数次。苦涩味全部去除后再烤干或晒干。橡子粉可以做粥、炸糕或者点心。

已故的博美先生用七叶树的果实制作营养粉的方法与此类似。这种营养粉做出的面包非常有益健康。无疑，用同样的方法在法国也能做出同样的橡子粉或者山毛榉果粉。这种粉不但可以供人类食用，还可以用来饲养家禽。

中国的园艺工人精于培植外来作物。他们会把那些很难种植的种子放在露水中浸泡一天再播种，然后不停地浇灌露水直至作物能良好生长为止。前文介绍过中国的哈密瓜，其名气大且珍贵。一位王子每年都要给朝廷进献大量哈密瓜作为贡品。我们知道中国有很多不同的瓜，尤其是两种西瓜，一种红瓤，一种黄瓤。还有一种香瓜，也叫天瓜。后一个名字的意思是天上的瓜，可能源自其细腻的口感。这种水果清新怡人且有益健康，跟桃子一样，即使吃两三个也不会不舒服。哈密瓜还有一个品种，其果实很大，香味和甜味都更淡一些，病人也可以吃。

---

[1] 见佩隆的来往信件。

[2] 如果谷物可以直接生吃，不用做熟，我们是不是可以说群居生活就不可能存在了呢？假设田间的稻穗能提供一种和面包一样坚固的食物，无疑我们将没有足够的守卫去守护粮食，以免被大批的饥民和强盗掠夺。

康熙皇帝曾在他的《康熙几暇格物编》中提到一件关于西瓜的事，但这件事很可能是捏造的："哈密西部的西瓜很香很甜。成熟后瓜农们去采摘时，在瓜田里互相协作，一言不发。如果有人不小心高声说话，所有的瓜都会炸裂。此事不知真假，殊为奇特。"

中国人不仅享受瓜类的果肉，还吃各种葫芦科植物，甚至吃黄瓜和南瓜的种子，连苹果、梨、桃和杏的果核也不会丢弃。在中国似乎哪儿都能有收成。中国人声称吃这些种子有助于消化。康熙皇帝也说："这种助消化的种子多么有趣啊，少吃点，消化好。"

由此我们可以得出结论，对于这些果核也能食用的果子，比如核桃和松子，中国人非常重视，而且他们有极好的储存方法来避免变味。他们将果子放在网兜或者篮子里，然后在天窗上找一个朝北且带顶棚的地方储存起来。

中国人也用类似的方法来保存栗子，比利穆赞或者皮埃蒙特地区的方法好多了。在这些地方和欧洲的其他一些地方，栗子的地位和面包一样。人们把它们熏干后食用，但用这种方法做出的栗子风味大减且很多营养都流失了，何况还要消耗大量的木炭。中国人储存栗子的方法是：从好几袋栗子里选出一部分浸泡在水中，晒干后浸泡在盐水中，然后挂在篮子或者网兜里再次风干。一斗栗子大约用一磅盐。

柠檬和柑橘则更难保存。通常的保存方法是：在阴凉避雨的地方找一块干地，挖一个七八英尺深的洞。洞底铺上两三指厚的干稻草或者松树花，然后放上精选的柑橘，相互隔开。上面再交替铺上稻草和柑橘，每一层稻草和柑橘中间都用柳条隔开。最后用熟土做成的盖子把洞口盖上，边缘抹上黏土封死，不让空气进入洞中。这样柑橘能保存六到八个月，甚至十个月。

乾隆皇帝说："葡萄自西域传入我国，种类颇少。如今我们从哈密等地引进了三个新品种。这三种葡萄在南方退化，失去了香味。在北方只要种在比较干硬的土壤中就能生长得很好。比起盖百座瓷塔，我更喜欢为臣民们引进一些新水果。"

中国君主会以收贡品的形式从邻近的地区引进稀缺珍贵的作物。这一久远的习俗为传教士提供了一个绝佳的观察机会。

> 每到年底，北京城就挤满了来自周边各国的使者。他们的到来只是这座大城市的一场演出而已。使者们从遥远的国度带来中国人想要的各种东西。为了保证贡品能完好地呈现给皇帝，每个使者上路时携带的商品都会远超所需的数量。因为不用付关税，进了中国国境也不用花交通费，所以每位使者都毫不吝啬地带上大量的商品。使者们离开的时候可以享受同样的免税政策，所以他们也会携带同样多的商品回国。

这是一本回忆录中关于中国的一段描述。派到中国的英国使团会不会很大程度上正是受了这一段描述的启发呢?

我们知道，英国使团的大船上装载了大量的商品。他们不用交税，并会趁机将这些货物卸载卖掉。与给此次远征的巨大花销带来这一点点回报相比，英国人可能更希望将来能在中国进行走私贸易。把船停靠在非指定的港口，可以很容易打探到中国人的安排。在不能直接贸易的情况下，也可以尝试建立中国和英属地区之间的间接联系。但是马戛尔尼使团最主要的目的没有达到。对中国习俗的不甚了解让他们感觉到没有别的出路。谁又能知道他们有没有或多或少地带着别的不为人知的目的呢?

我说过中国人喜欢吃豆面。他们将豆面发酵以后蘸佐料吃，这种食物叫阳粉。在长城边上的一个地方，人们种植一种巨大的胡萝卜。据说，这种胡萝卜甚至能长到桶那么大。

有一种中国人经常吃的蔬菜，叫白菜，很像我们的莙荙菜。我手中有一份尊敬的大巴黎总督波微先生的手稿。他说:“中国的白菜就像我们的莙荙菜。这种菜中国人种得很多，因为他们的蔬菜种类很少，实际上这也是他们菜园里最好吃的一种蔬菜。中国的白菜比莙荙菜更好。我把我的巴黎花园里的菜都拔了,全都种上了白菜。”

在中国的欧洲人给白菜起了一个名字——“中国卷心菜”，但它只是名字和同一种类的一种欧洲蔬菜对应而已。白菜很大，一棵重 15 磅甚至 20 磅的白菜并不罕见。萝卜和辣根菜也能长到这么大，它们的口感都很柔和。萝卜的皮是深红色，心极白。

前文介绍过哈密瓜，也提到了传教士寄回法国的哈密瓜种子没有培育成功。另一次稍微成功一点，伯丁先生对此是这么叙述的:“您寄给我的 24 颗哈密瓜的种子获得了成功，我觉得应该和您分享这一好消息。大部分种子都结出了成熟的果实，而且味道都极好。但是我们没想到,储藏后它的味道变得更加诱人,口感也更好了。第一批瓜刚摘下来我们就吃了，味道和上好的西瓜差不多。有一粒籽掉在地上又发芽了，到秋天又结出了果实。”

似乎这些瓜籽没有按时令生长，这也没什么好奇怪的。我相信，人们希望这种植物能如此生长，它已经得到了大家的交口称赞。

带到中国去的那些欧洲种子就没那么幸运了。除了地理因素，中国的风俗习惯极大地阻碍了这些有益的进口行为。我在钱德明神父写于 1781 年的一封信里看到一段内容，这封信并未出版，但值得一读:“我们确实在给您的信里说过，那些精选的花种及其他种子让皇帝龙颜大悦。然而我们忘了告诉您，虽然皇帝很喜爱这些种子，但是御花园的管事官员却对我们大为恼火。因为他们只看到了越来越多的人因为大量没见过的物什而担心忧虑。这些植物没能成功培植，渐渐枯死，这应该是主要原因。我们相信这都是他们的原因。

“另一方面，宫里的太监和花匠们对于给他们额外增加的工作也颇为不满。他们工作增多，但是收入却不会增加。何况，若工作失职，还可能会挨上一顿板子。我们就见过几次。所以这一次，我们只能将这些种子种在我们自己的花园里，如果培植成功，我们就可以在一个更合适的时机献给皇帝。”

我们从之后的通信内容得知，这些种子并没有种植成功，从中国寄回法国的那些种子也是一样。那些莲子刚开始给人的感觉是很有希望种植成功，状态很不错。但人们将它移植到他们认为更合适的土壤里后，再也没有看到它发芽。引进这种美丽的花肯定非常有意义，除了它的花美丽芬芳之外，它的果实也既美味又健康。适应了北京气候的莲花无疑还是更适宜在北京生长。不过或许在我国南方一些省份，莲花可能会培植成功。

在寄给伯丁先生的种子清单中，我看到一个引人注意的名字——木菡花，也就是绣球花，由马戛尔尼伯爵于 1793 年带回国。我们无法在欧洲看见这种植物，因为我认为它的种子不能完全成熟并用来播种，但是它可以通过扦插的方式一直繁殖下去。这种植物寄了好几次才种植成功。刚开始人们没做好防护措施，种子能成功寄回来简直就是奇迹。他们把种子放在一个葫芦里,然后把葫芦放在干燥的细沙里。然而尽管葫芦口密封得很好，湿气还是穿过了沙子和葫芦的细孔。

1787 年，根据几位自然科学家的建议，他们最终采用了伯丁先生提出的方法。他们制作了一个白铁盒，把莲子、牡丹、母菊和绣球的种子都放进去后全部焊死，再把这个铁盒子放进一个木盒子中，四面用木片撑住，两个盒子中间留下一两指的距离，里面填满干硝石。他们预想这样就能将种子保存在一个干爽的环境中，可以使种子在一两年内完好地跨越大洋，隔绝航线上的暑热。不幸的是，或许是因为没有焊接好，或许是因为被硝石中的酸腐蚀了，白铁盒里进了盐，侵蚀了种子，使得它们无法发芽。

因为这个意外，我们没能在那时就欣赏到秀美的绣球花和那令人心醉的多变的色彩。如果当时的尝试成功了，这种花可能就会被称作“贝蒂尼亚”——一位英国女士的名字——了。

要将中国或者印度的植物引进欧洲，唯一的办法就是在航路沿线建立几个移植点，将植物渐渐地传到欧洲。咖啡就是这样进入巴黎的。在原产地的花园里保存一段时间，再通过安地列斯群岛中转，最终到达欧洲。绣球花也不是由英国人直接带回去的。英国人没有在信件中提起,在很久以后几株绣球花花苗才被带到孟加拉，从那儿通过圣伊莲娜岛传播到好望角。到此行程几乎过半了，从那里再到英国就不是一件难事了。绣球花在英国皇家植物园获得了极大的成功。

欧洲种子培育不成功大大打击了传教士们的信心。他们提议将种子从俄国运输过来。他们说："皇家科学院通过修道院院长走过的那条路给我们寄来了种子。尽管路途较长，可是种子培植得都很成功，因为它们是由沙漠商队运输过来的。"我们本应该也用这样的方法，用中国最珍贵的植物装点我们巴黎的公园。

灌溉对于花园植物及蔬菜的成长非常重要。我们相信，注重农田灌溉的中国人不会忽略它们。他们精心地照料菜园，所以才会有这么多神奇的植物。在大规模种植中，有时由于土地长期干旱，灌溉也不能提供足够的用水。如果没有下雨，人们就会向一个叫玉皇大帝的神灵求雨。我手里有一封未出版的殷弘绪[1]神父的信。殷弘绪神父是中国传教团的前团长。他注意到一个情况：那些崇拜神灵的中国人为了丰收也会向上帝的使者们寻求帮助。

他在信中说道："就在回耀州的那一天，我还没有回去时，尽管其他官员对知府施加了压力，但对于此类的求雨仪式，他还是不允许。他下令进行一项新的求雨行动：傍晚找一群孩子在每一条街上哀号求雨，以此证明他们更应该得到雨水。

"他也没忘了向玉皇大帝、本地或者外地的保护神求雨。他将求雨的愿望写在一张帖子上向神灵祈愿。玉皇大帝没有显灵之后，他还到教会问我在不在耀州，想寻求我的意见。得知我回来之后，他跟我表示希望向天主[2]求雨，并让我告诉他应该怎么做。他拿来了很多东西，我只收下了蜡烛和乳香。

"他从官邸一直走到我们这儿，所有随从都在当地香火最鼎盛的一个庙里等他。当他到达庙门口的时候，所有人都已经列好队迎接他了。他没有进去，也没有说什么，而是继续往前走，走过一条小路来到我们这儿。"

殷弘绪神父详细讲述了仪式的整个过程。中国人在基督像前按中国的方式磕头祈祷，第二天就下雨了。神父没有怀疑他的虔诚，但在信中坦诚地补充："这场雨或许是自然原因，或许是上帝确实提前了下雨的时间，以便在异教徒中彰显他的名望。可以确定的是，这件事触动了他们，他们为此还举办了好几次还愿活动。"

知府来到教会，感谢上帝实现了他的许诺。但在这之前，"他先去了玉皇庙，取下了向神灵祈愿的帖子，将神灵，尤其是庙祝[3]大加指责了一番"。

---

[1] 法国传教士，曾在景德镇居住7年。他将搜集到的瓷器制作细节发回法国，从而使法国人在本地仿造出了瓷器。——译者注。

[2] 天国的领主，也就是耶稣基督。

[3] 寺庙中管香火的人。——译者注。

卖熟食的流动摊贩

流动商贩在北京走街串巷，兜售的并不全是货物。最奇特的要数下页插图中的这种商贩。他们随身携带食品的配料、用具和做食物的炉子，还有已经做好的食物。

这些在路口摆摊的商贩有的是穆斯林，可以从他们头上戴的圆帽看出他们的身份。他们做各种各样的美食，有糖栗、羊头、羊腿，甚至驴肉——布丰想替驴子抗议，虽然它有很多优秀的品质，比如耐心、温顺，而且吃得少，但人们却一点都看不起它[1]。

插图中的这位商贩把他的全副用具都放在两个长方形的箱子里。他用一根粗扁担将两个大箱子挑在肩膀上。一个箱子里是食物和工具，另一个是一个双层的炉灶。炉灶下面一层是需要稍微处理一下的食物，上面一层是一口用来煮粥的锅。他用两只手分别拿着碗和勺子，向过往行人兜售他的食品。

我们说过，牛肉在中国是禁止售卖的，只能非法交易。中国迷信的人徒劳地劝说老百姓不要吃肉，因佛教相信灵魂能够转世，所以和尚都不吃肉，然而吃肉的习惯并没有消失。道士们的努力同样没有用。传教士们说，吃肉的人如此之多，以至于见到别人不应该问他吃什么肉，而应该问他不吃什么肉。他们也承认他们什么肉都不认得，并补充："所有的肉都可以卖，都可以吃。巡查非常理性，非常人道，非常可敬，他们并没有严格执行这一禁令。他们对触犯禁令的人、各种肉店和生意都睁一只眼闭一只眼。那些肉店的名字我们都不敢提起。"

的确，中国的气候可以把在其他地方有害的东西变为无害。我们可以看一看钱德明神父是如何说的：

> 尽管中国的食物不怎么健康，比如那些老死或者病死的家畜肉，尽管中国人低矮逼仄的住房不方便且卫生条件欠佳，但他们还是生活得其乐融融。而且一家子从没有得过疫病，我们欧洲很常见的那些传染病这里也很少。
>
> 所有东西在这里都能保存相当长的时间而不腐败。新鲜葡萄可以一直吃到圣灵降临节；苹果和梨到圣保罗节都还有。野猪、鹿、麂子、狍子、兔子、野鸡、野鸭、野鹅，所有这些从初冬开始就从东北运过来的野味，还有从辽东的

---

[1] 布丰说，除了马之外，驴子是最美丽、最完美、最尊贵、最有用的动物。只是在比较之下，它才显得低了一等。

带着食物、锅、炉灶等全副装备售卖熟食的流动商贩

河里捕捞的极大的鱼都不需要腌制，冰冻起来就可以保存两三个月——尽管每天这些肉都被摆在市场上卖，要从市场搬到仓库，再搬到市场，直到卖出去为止。这种冻货市场可以一直持续到三月底。

夏天，中国人保存肉类的方法和法国某些地区保存鹅腿和鹅肝的办法类似：将这些肉烤熟或者用开水煮熟之后，将它们浸入猪油，储藏在地窖中，想吃的时候就可以随时拿出来吃。

除了和我们的兔子差不多的家兔之外，中国皇宫的花园里还有一些来自漠北的兔子。这些兔子会随着季节改变毛色——在春天和夏天是灰色的，到了秋天和冬天就会变得雪白。康熙皇帝说："这种兔子只有耳尖颜色不会变，一直是黑色的。四条腿上垂着长长的毛。"热河行宫里的这种兔子和在它们的故乡一样，每年也会换毛。

中国人也吃串起来的烤肉或简单煮熟的肉。他们的祖先有一种非常独特的制作猪肉的方法：将猪的内脏掏出，在里面填满香料后在外面抹上一层厚厚的泥；然后用大火烤，直到外面的泥烤得像砖一样硬；敲碎外面的土块，去掉猪皮，将肉浸在酒中；最后将猪肉放在火上烤。中国人有三种煮肉的方法：一是，罐子中装满水，然后将肉放进水中煮熟；二是，将肉放在锅里的笼屉内用蒸气蒸；三是，隔水炖。

我相当详细地描述过中国人做饭的细节，这里就不再赘述了。我只想补充一下，中国人不仅邀请亲朋好友来家里吃饭，还经常做好食物让别人带回家。这种风俗被视为上级给予下属的荣耀。受赏赐的下属将饭菜装在多层或者有很多格子的食盒中。食盒的形状都是圆形的，很像倒置的被小板一层层分开的蒸馏釜。食盒密封得很好，饭菜一点儿都不会撒出去。

新婚夫妇会给没能赴宴的客人送去做好的菜。这种由来已久的传统风俗似乎在整个东方都很盛行。到中国的第一批天主教徒正是在这里养成了相似的习惯，他们会给那些因病没能参加圣餐礼的信徒送去圣饼。

其他的饭菜，尤其是葬礼时准备的饭菜，也会被装在食盒里运送到各处。拿着食盒的人身后会跟着一些家仆，家仆的人数要符合主人的地位。皇帝会将他吃的饭菜赏赐给大臣。这些饭菜会由一个小太监捧着，后面跟着一个传旨太监。受赏的大臣要跪谢恩宠，传旨太监会以皇帝的名义嘉奖大臣并接受他们的谢恩。

中国人非常喜爱滋补菜肴，尤其是燕窝和鹿筋。鹿筋的药性也许只能归功于它的制作方法。中国人将这种食材视为治疗风湿病和坐骨神经痛的灵丹妙药。

鹿肉在中国是一种极好的食物，也被视为一种养生的食材。制作鹿茸的方法非常怪异。老的鹿角脱落了一段时间以后，他们会割下鹿的新角。这是一种胶状的物质，里面骨质极少。用酒或者香料蒸，一般能保存很长时间。这种食物能治疗胃病和恶疮痈肿，促进病后恢复等。

中国人还用鹿茸做一种肉冻，做成板状后保存起来，吃的时候要在热水中化开。中国人甚至会在鹿身上划一个口子，饮热鹿血。中国人觉得鹿血不仅仅是一种不错的饮料，还可以预防多种疾病。据说以前有一个猎人，因为过于口渴而昏迷。他的同伴们也没有携带什么饮食，于是就用长矛割伤一只鹿，让他喝下了热热的鹿血。他迅速恢复了力气，而且比以前更强壮。

在一本中国医书中我们看到，鹿血是一种能缓解天花出痘，并且能吸收毒气的特效药。这种药的做法是：将鹿血晾干，碾成粉，发病时兑酒饮用。书中又强调，新鲜的热鹿血药效是最好的。有钱人生病时会特意找人打一次猎。他们会选择初秋的时候，猎人们引出一头老鹿，将它驱赶到事先设好陷阱的地方，要喝这种“饮料”的病人跟在他们后面。抓到鹿之后，将鹿固定住，用矛刺破它喉部的血管，然后将一根管子插进去。病人喝下鹿血后要立刻回家，擦干汗后卧床休养。中国人坚信这种饮热鹿血的方法可以修复健康状况极坏的身体。但是这种药价格不菲，并非所有人都能享用。

传教士们相信，他们找到了欧洲经验论者以前施行的输血法的来源。然而饮用任意一种动物的鲜血和在两只动物之间换血并没有什么共通之处。

其他流动食品摊贩

下页插图中左侧的食品摊贩与前一幅插图中的流动摊贩区别甚小，但他们炉子的形状不完全一样。这个炉子装在一只四脚的椅子中，做好的食物装在担子另一头的罐子中，罐子还可以用来平衡担子的重量。

在北京的大街小巷，人们摆摊卖的食物及可以想象到的饮料都大抵如此贩卖。茶水小贩挑着一个小炉子四处叫卖，小炉子上架着个大茶壶。这种茶壶和前文阿哥仪仗队插图里的相似，只是尺寸更小一些。煮茶时不用香木棍，而是用稻秆、高粱秆或者劈得很薄的干木片。

有的商贩不顾政府法令兜售热酒。实际上酒类买卖是被禁的，一方面是因为酿酒需要消耗大量的粮食，另一方面是这种类似啤酒的饮料很容易变酸变质。但实际上，政府的巡查对酒类买卖也是睁一只眼闭一只眼，只会在他们做得太过分的时候管一管。流动商贩兜售的酒一直能保温靠的是放在双层筐里的炉子。这种酒对欧洲人来说简直难以下咽。对于这些稀奇古怪的东西，伯丁先生是一个大外行。他曾经鼓动传教士们寄一些这种酒给他。他认为只要盖好盖子，一瓶酒就可以完好地运到法国。我相信他们应该没有考虑这一建议。他们可能害怕酒在路上会变酸，那他们的客人就会吃上一道变味的食物——就像法兰西学院院士们曾经想尝试斯巴达“黑粥”一样。

中国的医书里充斥着对酒精有害的描述。他们说大部分喝酒的人，即使没有酗酒，最初也会变胖，这种肥胖只是前兆，之后又会让人渐渐消瘦。

酿酒的伴生品——醋的命运却截然不同。我们说过，中国人用各种不同的食物来酿醋。尽管酒的原料有小麦、黍、稻米、玉米及其他的谷物，但是经过二次发酵的醋却和我们的醋极其相似，以至于在广东的一些欧洲人都弄混了。确实，我们不能相信巴黎所有的醋，包括红醋，都是用酒酿的。至于我们的白醋，其原料是苹果，实际上是一种变酸的苹果酒。中国的醋也一样，我们可以把它当成一种变酸的啤酒。

中国人喜欢喝热酒甚至沸酒，同时也喜欢喝冰水。正因如此，他们将饮料放进细窄的长颈罐中，这种罐子在印度叫“凉水坦”（gargoulettes），是用一种多孔的灰色陶土做成的，极其薄。罐子的孔隙可以通过空气流动蒸发水汽，这样里面的水的温度就会比外面低几度。人们将这种罐子存放在用竹篾做成的圆柱形筐子里。

此外，中国人还会消耗大量的冰。北京的冬天，水会结 2 至 2.5 英尺的冰。御花园中的冰会分发给老百姓，由他们来储藏。这个国家最独特的是，冰砖不需要很

流动小吃摊（左）与把煮好的蛋上色售卖的小贩（右）

多的储存措施，只需要堆在一个不是很深的地洞里，几乎整个夏天都不会融化。

值得注意的是这张插图中右边的人物。他是一个卖彩蛋的商贩。彩蛋就是在煮好的鸡蛋上绘上各种颜色。一年中只有特殊的时间段才会贩卖这种彩蛋，大约在我们的复活节前后。

除了彩蛋，中国南方省份还生产咸蛋，通常都是在鸭蛋外裹上一层制作好的泥块。人们每年都要向皇帝进贡咸鸭蛋。皇帝也会将这些咸鸭蛋赏赐给大臣，还向传教士赠送过几次。

中国人在春天的时候会互相赠送彩蛋，因为蛋是大自然复苏的象征。不只中国有这一风俗，波斯人在新年时也会如此。当太阳落入白羊座的时候，占星师就会在伊斯法罕皇宫的一座塔上发出信号，锣鼓和号角声随之响起，预示着这一盛大节日的开始。新年会持续一周，在此期间人们走亲访友，互相赠送绘上图案或者染好色的蛋。

我们现在也会在同一时期制作红色的煮鸡蛋，称之为复活节彩蛋，但是很少有人会想到这一习俗的起源。

卖鸽子和鹌鹑的商贩

前文曾介绍过被中国人当作食物的几种鸟类。

贩卖活禽的商贩将禽类放在竹笼里，或者用一种特别的方法拿在手里，就像下页插图中描绘的那样：在一个长布条的末端有一个套子，可怜的鸽子和鹌鹑有一半身子被塞在袋子里。这些不幸的鸟儿就这样被带着四处兜售，直到有买主将它们买下。这时，商贩会切断它们的脖子，结束它们的痛苦。

鹌鹑在中国相当珍贵，人们买来不仅仅是为了食用，还训练它们相互打斗。英国人非常喜欢斗鸡，赌注还不小。中国人和他们一样，对斗鹌鹑甚至蝉都情有独钟。两个人拿出各自的动物，将它们放在一起打斗，直到其中一方斗败死掉，赢家就可以拿走所有赌注。中国人对于斗鸡的兴趣和英国人一样。他们和英国人、美国人或者效仿他们的人都有同一个爱好，就是将无辜的蝉放在一起赌斗。费城和纽约的小学生课间休息时将蝉放在铜质的小笼子里，各自选出他们认为最强壮、最勇敢的蝉，让它们斗个你死我活。

中国有几种不同种类的蝉。似乎中国人很早就知道蝉的发音很不一样，它们尖利的鸣叫不是从口中而是通过腹部一个薄膜的振动发出的。这种动物的中文名字叫腹蛸，意思是用腹部歌唱或叫喊。

传教士们说，唐朝的一个可怜的文人使蝉风靡了全中国。这个文人不知如何出名，便去乡下挑选了一些漂亮的蝉，关在笼子里，将它们带到了长安的大街小巷。当时长安是一个富足的灯红酒绿的城市，这个新鲜物什使他获得了成功。虽然农村人已经烦透了这种噪声，但这个时髦的城市却觉得蝉的鸣叫声令人愉悦，连皇帝的妃子们都想拥有它们。朝廷还认真地设置了一个官职，专门为达官贵人们提供各种大小、形状和颜色的蝉。蝉在长安如此流行，就像曾经在巴黎流行的比尔博凯特、纸板傀儡及最近的悠悠球一样。中国人对蝉看不够、听不够，还用各种艺术来呈现它的形象：将其绣在衣服上，或将金玉宝石做成蝉的形状。如今达官显贵中已经不流行蝉了，但是孩子们和普通老百姓还依然用蝉来娱乐。

中国的诗人们争相赞颂蝉。刘源（Lieou-Yuen）描写了它美丽的外形、光鲜的色彩及朴实的品格，尤其称赞了它的谦逊——虽然它的声音传得很远，但它却总是藏在树叶下。有一首短小的讽刺诗叫作《新蝉》，作者用童真讽刺了一个新诗人的错误、自负及他枯燥无味的多产作品。似乎古代和现代的中国人对于蝉的看法都和希腊人一样——希腊人将蝉作为一种祭品献给阿波罗，中国人把一年不同时节听

卖鸽子和鹌鹑的商贩

到的蝉鸣视为一种或好或坏的征兆。

一位中国诗人说，如果农历五月没有蝉鸣，便表明大臣们向皇帝隐瞒了灾情真相。这种说法给人的第一感觉是荒唐愚蠢。然而需要指出的是，首先，根据中国人的思想，天象的变化影响着朝廷。其次，蝉会在天气变干、变热的时候开始鸣叫。农历五月没有蝉鸣预示着这一年雨水过多，涝灾会造成饥荒，而在皇帝面前，大臣们会想尽办法少报告坏消息。实际上,我们很少收到北京朝廷发布不幸事件的公告。1785 年，当传教士们在法国发布台湾岛涝灾细节的时候，人们觉得他们的报告夸大了灾情；而晁俊秀神父观察到的情况恰恰相反，如果灾荒大到官员们不敢提起的时候，“在这种情况下，大臣们不敢夸大灾情，反而会把灾情往小了说。比如一场火灾烧掉了一百栋房子，他们会报告成十栋。如果一个省份闹饥荒，收成只有两成的话，他们会向皇帝报告成五成。这是一种官场政治，所有人都知道要隐瞒什么。皇帝常常告诫大臣们不能欺君”。

我刚收到这一段材料时，这本书即将付印，但我还是决定把它加进这本书里。我在《帝国报》(*Journal de I'Empire*）上读到一篇极好的文章，其中提到了仲布雷（Chompré）的《简明寓言词典》(*Le Dictionnaire abrégé de la Fable*）最新版。这篇文章的作者以“Ω”这个字母自比，用博学且有趣的语言指出了古希腊人对于蝉的奇特猜想。

在《荷马史诗》第三卷中，他提醒我们，荷马将普里阿摩斯[1]周围的老人们比作蝉:“年龄让他们远离了战争，但他们仍然拥有雄辩的口才，就像用戏剧性嗓音歌唱森林的蝉。”

Ω 先生还列举了忒奥克里特（Théocrite）的一首田园诗:“提尔西斯，你唱得比蝉还好听。”他还提到了一些其他作者类似的文字，比如俄索普、柏拉图、泰门、埃里安[2]等。最后我也像他一样,抄录一首阿那克里翁（Anacréon）关于蝉的颂歌。这首优美的诗是由德·圣维克托（De Saint-Victor）先生翻译的：

噢，旋律优美的蝉，
我们喜爱你先知般的歌声，
在夏天预示我们方向。
缪斯亦向你微笑，
你因才华满腹

---

[1] 特洛伊战争时的特洛伊国王。——译者注
[2] 埃里安对吃蝉的人表现出极大的愤怒。他写道:“那些饿鬼并不知道自己触犯了缪斯——朱庇特的女儿。”

和欢愉的嗓音而声名大噪。
你从未有过痛苦，
岁月亦不能将你损伤。
大地的女儿啊，
你的纯洁和轻快，
就像诸神的模样。

中国有一种蝉具有一种我们的蝉所没有的功能——可以产蜡，因此被称为蜡蝉。我们在介绍中国制作蜡烛的方法时提到过这种蝉。

中国也有松鸡，但只在东北地区的沙漠地区才会大量繁殖。我们在法国的一些省份也能看到一些椋鸟，但是数量远不及中国。南怀仁神父曾陪伴康熙皇帝游幸东北地区。他说，在中国可以打到成千上万只松鸡。或许是这种野禽和我们的味道不一样，尤其是他们不会将野味储藏起来使其略微发酵；或许是因为其数量众多使得价格低廉，皇子的侍从都不屑于猎松鸡。

通过书籍或者自己的观察，我们可以了解到，中国人非常严肃，喜欢坐着，对于打猎并没有太大兴趣。王公大臣们猎虎、狼和熊，那是因为他们将这种练习视为战争的演练，但是欧洲人热衷的狩猎——激烈地追逐可怜无辜而又无法反击的野禽——中国人并不喜欢。他们狩猎的方法也证明了他们对这件事没有太大的激情，但他们也经常像我们一样用猎枪来打猎。为了节省火药，他们经常用另一种方法——用吹管发射一种裹蜡的土丸——来猎小型的鸟类，北京的街头就有卖这种土丸的商贩。伯丁先生的陈列室里有一副相关的版画，但是我并不想将其收录在这本书里。

中国人广泛相信的一种说法是，在东北地区的边界地区，尽管老鼠和鸟是天敌，但它们的窝总是混在一起。康熙皇帝说："我们准备在大清取缔一些事情，因为有很多东西我们都看不到了。据说在永翠河两岸的一些地方，鸟和老鼠同巢而生。一个著名的评论家将其视为寓言。然而，我的俄国大使在河岸亲眼见过鸟和老鼠混居在一起。"

大自然赋予了中国大量宽广的河流，再加上众多的人口及全国各地用高超技艺挖掘的运河，使得中国成为了世界上鱼产最丰富的国家之一。传教士们确定地说："位于中部的长江，其鱼塘数量相当于整个欧洲大江大河鱼塘的总和。"

不止如此，鱼类是繁殖力最强的动物，一只鳕鱼就能产下 900 多万个鱼卵。中国的渔夫们还能帮助鱼增殖。我们在上文介绍过中国人用人工热能来孵化鸭蛋，此外他们还有一种特殊的措施能使鱼增产，促使鱼更好地生长。他们将鱼放在一个庇护所里，没有天敌，鱼苗不会被大量吃掉。正是这些天敌导致在我们欧洲的河流或者鱼塘里，最多只有1000多条鱼苗能长到一定尺寸[1]。

中国渔夫在河岸或河上收集一种黏黏的絮状物，里面有雌鱼产下的鱼卵。他们事先准备好一个空蛋壳，在收集一定数量的鱼卵后，将这些鱼卵装进蛋壳里，然后把蛋壳封好口，放在鸡窝里让鸡孵化。一段时间后——时间的长短只能靠经验，他们将蛋壳放进晒热的水中打破，鱼苗就破壳而出了。人们将鱼苗放在清澈的凉水中一段时间后，就可以放进鱼塘和更大的鱼一起养殖了。

在中国，鱼苗买卖是一个重要的生意。一些土地的四周围着沟渠，这些沟渠到了五月份左右就挤满了鱼。土地的主人用柳条或者席子将水流拦住（但是要留出足够的空间供小舟通过），这样就可以拦截水中的鱼卵。农民凭经验一眼就能看出水里是否有鱼卵,即使看起来很清澈的水也难不倒他们。他们将木桶中装满水和鱼卵，运到其他省份卖给那些想让鱼塘增产的人。这种生意做得很大。几天之后，这些鱼卵就会变成小鱼苗。人们给鱼苗喂食扁豆和蛋黄，还时不时地往鱼塘里投喂一些鱼喜欢的水草。这种方法让鱼苗增长得更快。人们相信木瓜灰能让鱼死亡，于是一些坏心眼的人就会用这种卑鄙的方法来报复自己的仇家。种植荷花可以防止水獭破坏鱼塘，因为这种动物很难在种满荷花的水塘里自由活动。

在中国，鱼类消费量巨大，首都的老百姓几乎不吃别的肉。我在韩国英神父未出版的一本回忆录手稿中找到了鲤鱼或者其他类似的鱼的一种腌制方法：

> 取一条大鲤鱼或其他大型鱼，在其表面反复擦盐直至盐味浸入其中，然后用双层纸将其层层包裹，接着再将鱼放在碱液中浸泡两三天。用一种特殊的方法烹饪，就能做出可口的腌味，和肉味很相似。

在前文中，我曾列举了中国市场上的主要鱼类。鱼按斤卖，所有的食物几乎都是如此，这样比较好算。农历四五月间的平鱼的价格一斤几乎不到一个苏[2]。北京和其他城市都没有专门的鱼市，只有鱼贩子们走街串巷，挑着木桶兜售各种鱼。装活鱼的木桶里注满了水，如果鱼死了，人们会用冰来保存。把鱼和冰一起保存可以使鱼保鲜相当长的时间。我很吃惊我们的阿比修斯在夏天里将海鲜，尤其是鲭鱼运送到巴黎时，居然没有用这种好方法。牡蛎也可以用这种方法运输，这样我们就可

---

[1] 有一封发给伯丁先生的消息似乎显示，中国人找到了一种在淡水里培养某几种海鱼的方法。他回复：“如果这种方法是真的，不管能培养什么海鱼，请你们务必寄回更详细的情况。这一成就非常值得我们欧洲人认真考虑。”但在随后的通信内容中我没能找到这一请求的回复。

[2] 原法国辅助货币，现已不用。1法郎=20苏。——译者注

以不只在有 r 的月份[1]吃牡蛎。

中国的鱼和我们的一样,容易受到跳蚤的骚扰。这让鱼以肉眼可见的速度变瘦，鳞片脱落，皮上留下白斑。为了防治这种病，人们在池塘中投入白杨树皮以消灭这种昆虫。

上文曾介绍过中国的金鱼，中国人将其养在房子和花园里。中国人不像我们一样将金鱼养在玻璃缸中，而是把金鱼养在瓷瓶，或者用熟土做成的缸里。这种缸直径大概 5 英尺，一般放置在一个底座上。

[1] 我们知道，除了五月（Mai）、六月（Juin）、七月（Juillet）和八月（Août）之外，每一个月份的名字里都有一个“r”。夏天的时候很难吃到可口的牡蛎，至少人们不会将牡蛎从迪耶普运到巴黎。

丧服

前文曾简略地介绍过中国人举行丧礼和服丧期间的礼仪。而239页这张插图很奇特，详细地展示了中国人在这些悲伤场合通常会穿什么样的服饰。中国人将白色作为丧礼的颜色，在这一点上中国人几乎和所有的现代人都不一样。这一习俗可能是因为中国人觉得应该穿未经染制的布料。古以色列人在同一场合穿的粗布衣和中国的丧服非常相似。

239页插图中，中间的人展示的是夏季的丧服。长袍是白色的，头上戴的是尖顶的无边软帽，既没有红色丝绸的流苏，也没有普通男士便帽上装饰的牛毛。鞋也是白色的。年轻人胳膊里夹着一卷白布，用来覆盖他们的房子。他手里拿着一杆同样颜色的布幡，用来换下家门前，尤其是店铺前的装饰。这种幡包括流苏和棉质的饰带，悬挂在一个小亭子上，用来模拟中国花园里的凉亭。

239页插图图右展示了一个丧礼上的中国人。值得注意的是他的头。他戴着一顶和我们的睡帽相似的无沿帽，顶上有一条宽带子。

丧服的样式各有不同。不同的裁剪体现了亡者的地位及服丧时间的长短。以前，父母去世子女要服丧3年，如今只需27个月；兄弟去世，服丧1年；同祖父的堂兄弟去世，服丧9个月；同曾祖的堂兄弟去世，服丧5个月；同高祖的堂兄弟去世，服丧3个月。叔伯、叔祖、侄子等去世还有另外的仪制。祖父辈的丧礼分为五个阶段。因此，中国人用五套丧服来表明丧礼的不同阶段。

这个年轻人刚刚遇到他父亲的一个朋友，告诉对方自己父亲去世的消息。年轻人双手支撑在地上，跪拜在他面前。他致礼的人也要鞠躬回礼，但是不用跪拜。

跪拜礼在中国非常常见，以至于变成了一种日常礼节。一点很小的恩惠都可以成为跪拜的理由。在我们看来，跪拜意味着绝对的服从或者狂热的崇拜。钱德明神父在一封未出版的信中举了这样一个例子。当时伯丁先生通过钱德明神父传达了他对一位中国文人的鼓励，这个文人向神父表达了谢意：

> 我向他解释了您信中关于他的内容，转达了您对他努力工作的赞赏，对他诚恳地协助我给予肯定。他恭敬地低下了头，低声说“不敢当”。“不敢当”的意思就是“我不值得”、“我不应受这样的赞誉”。但当我提到您让我转交给他的钱和衣物时，他喜笑颜开，眼睛中闪烁着开心的光芒。然后他突然跪在我的面前磕了三个头，并请求我将他微不足道的谢意转达给您。

在中国的街上常常可以看见小孩子给一个不认识的可敬的老人磕头，请求他的祝福。这也是古以色列人的一种习俗。

插图左侧是一个穿丧服的满族女子。汉族女子穿的丧服和男子几乎一样，但是满族女子的丧服则全然不同。

我们在第一卷和第三卷中，看到了住在北京的满族女子的普通发饰。她们会戴一顶无边软帽，有时候也会把发网戴在头发上。丧礼时，她们也会戴同样的帽子，但却是黑色的。她们沿着帽沿扎一条白色的带子，打个结，垂在头发后面。丧礼期间，家里不允许摆放彩色的花，只能用白色的花，甚至手工扎白花以供丧礼使用。

中国人悼念去世的亲人更为真诚。葬礼在这个国家，并不像在其他地方那样只是宣示举办者继承了一大笔财富。我们不知道在别的国家，土地、财产及重要的地位是否也都按照血缘远近，由家族的长子来继承，并就此预设了他们的命运。然而在中国，宣扬自己的财产是一件危险的事情，而且皇帝可以随意废除继承权。下面这个故事选自钱德明神父的一封信，我们可以从中知晓中国的继承法是多么专横和不确定。

于敏中是乾隆时期著名的文臣，死于 1780 年。他因功勋卓著而成为朝廷的最高官员之一。其在世时积聚了大量的财富。他的一名小妾在他的正妻去世以后成为了他的最爱。但于敏中对这个小妾的盲目信任几乎使他身败名裂。她不断地为自己谋利，以下就是她的敛财方式。

于敏中不可能接见每一个有求于他的人，而这名小妾善于待人处事，就代替他来做这些。她代写奏折，而且在她的怂恿之下他人所求之事常常能够成功。事成以后，办事之人再给她大笔的贿赂。就这样，她瞒着所有人积攒了大笔的财富。如果小妾有继承权的话，她本可以成为全国最富有的寡妇。但于敏中死得太突然，小妾来不及将她的财富转移到娘家。于敏中的子孙抢占了她所有的钱——大约价值 500 万法郎。小妾希望他们能把财宝给她留一部分，但是没人理会她的请求，甚至威胁她要将她卖为奴婢。于敏中的一些亲眷假装为她争取了一部分财产，把一些廉价货送给她，并施诡计报了官。

皇帝下令会审。最后的判决是：“此项金银非于敏中所得，皆为不法，小妾无权占有。此项金银应尽数充公。小妾发回娘家，每月给以伙食等费用。”皇帝在底下批注“皆照此办理”，500 万法郎的财富就这样进入了国库。据钱德明神父观察，在中国，所有财富都是如此结局。

接下来，我不想描述宫廷丧礼的细节，而想向大家介绍在北京举办宫廷丧礼应该遵守的流程。这一流程是自 1777 年 3 月，太后——乾隆之母去世时开始实行的。太后刚去世，一名朝廷重臣就去传令打开皇帝进出的城门。皇帝紧随其后回到宫殿，

1. 身穿夏季丧服的清朝年轻人
2. 大丧礼中的清朝人，他正向遇到的一个朋友磕头报丧
3. 穿丧服的年轻满族女子

等待太后的灵柩。抬灵柩时不能哭，要像太后还活着，只是在夜里微服出行一样。

当天，巡查命令大街上的店铺收起镀金招牌和彩色装饰。第二天，所有官员无一例外都要参加丧礼。也就是说，他们要穿上素白布做的长袍，外面罩黑缎子做的马甲，散开头发，摘下帽子上的红丝线，穿上布靴子。整整十七日内，他们不允许去别处，尤其不能举行任何娱乐活动，比如唱戏、游逛、宴请等。律法甚至规定，这时他们应暂时和妻妾分居。为了不违反这一点，大部分官员都日夜待在各自的衙门里。

百日之内，任何人，无论身份地位如何，都不允许剃头，不允许奏乐，不允许举行典礼。婚嫁也被禁止，但这一禁令仅持续一个月，而且是从太后殡天之日而非发布谕令之日算起。简而言之，所有人都被迫表现出一种表面上的悲痛。钱德明神父说：

> 最让我吃惊的是，底层老百姓也要遵循这种礼仪，同皇室宗亲与王公大臣一样。原来热闹的大街和人声鼎沸的市场在丧礼期间没有了争吵和口角，人们连说话都会压低嗓音。朝廷偶尔会用一些告示来安慰老百姓的情绪，向老百姓展示天子（皇帝）的悲痛。

这些告示的内容主要是：第一，皇帝向臣民公布太后生活、生病及殡天的细节；第二，太后的遗诏。遗诏中有一些值得注意的内容，也是读者们很想了解的信息。

> 我虽然道德不高尚[1]，但承蒙上天眷顾，先祖保佑我诞下儿子并继承了帝位。皇帝非常孝顺，待我恭敬温和，从不曾忘记任何一件能让我愉快的事，而且每天早晚都来向我请安或侍奉我用膳……
>
> 皇帝会想方设法地让我开心。他曾当面为我歌舞，为我吟诵他作的诗词，让我欣赏他收藏的字画，亲自装饰我的宫殿。他的体贴感动了我，让我忘了自己的年龄，老迈之躯重新焕发了力量。

---

[1] 我必须用传教士们的翻译。很明显“道德高尚”（vertueuse）这个词不太准确。我们可能出于直率或者谦虚而说我们不具有所有的美德，但是诚实的女性却从来不会指责自己“道德不高尚”。哈特那先生和马戛尔尼的使馆保持通信联系，他用事实论证了太后在遗诏中为何使用这样的言辞评价自己。他推测太后曾与一个年轻的中国神父保持暧昧的关系。但在提到太后死于北京大地震而神父在其身旁这一点时，我们发现这一资料的来源并不可靠，因为太后是寿终正寝，而且是在哈特那先生提到的大地震之后去世的。

她86岁时身体仍然康健，为此，她在遗诏中用了很长的篇幅来感谢朝廷对她的照顾。之后，太后提到了突如其来的一场疾病，正是这场疾病的恶化使她察觉到自己的生命到了尽头。遗诏的最后，太后表达了对皇帝的抚慰之情。根据中国的传统，她期望在太庙里祭祀天地并向列祖列宗祈福。

到了出殡的日子,太后的灵驾浩浩荡荡地出了宫。跟在皇帝家眷后面的是灵幡、灵伞、华盖等，都被做成五色，每样都有五件。

这些仪仗后面是一些双列并行的骆驼和马匹，它们驮着出远门的所有用具。紧随其后的是小车、轮椅、轿子、扶手椅、靠背椅、凳子、垫子、箱子、盆及所有的梳洗用品,全部排成24行。太后的珠宝首饰及最喜欢的用品,比如镜子、衣刷、扇子、盒子、钱袋和其他类似的物品都由侍奉的太监拿着。还有人极其恭敬地捧着太后晚年走路用的小手杖。

太后宫中的高级官员及皇子皇孙在梓宫前扶灵。太后的梓宫由80个穿着深红色缎子做的、绣满了不同图案和刺绣的五色长袍的抬夫抬着沉重缓慢地前行。旁边穿着同样服饰的抬夫会定时与他们替换。

梓宫后面跟着皇帝的嫔妃、皇子的福晋、朝中重臣的诰命夫人及公主。她们聚在一起，都骑在马上，四周由层层的太监和执长矛的士兵守卫着。灵驾经过时，闲散宗室见到梓宫要立刻下跪迎接，灵驾过去之后才能起身按等级跟随在后面。出殡队伍会不时地停下，礼部官员走到灵柩旁，向灵柩跪拜磕三个头，斟三杯酒，将酒洒在地上。如此重复两次之后,再焚烧5000张纸钱,然后继续前进。皇帝走在灵驾前，一直到皇宫的外宫门，在一座建有追思台的宫殿里跪拜九次，祭三杯酒，然后上香贡献祭品。最终皇帝还是忍不住哭了起来。这些仪式都是在太后的行宫举行的，行宫位于郊区，离京城两公里。存放太后灵柩的宫殿被称为九经三事殿。

钱德明神父说:“所有的仪式及其后续礼仪都非常令人厌倦。对身体素质一般的人来说,这简直就像受刑。四十岁的皇长子就没有承受住。他在梓宫里难受不已，于是走了出来，结果感冒了。虽然其症状看起来像是喉炎，但不久之后，皇长子就去世了。”

纪念这位母亲的仪式昼夜不停。5月20日，也就是太后去世后的69日，灵驾出发去西陵。西陵距北京有30多公里，是先帝雍正的陵墓，旁边又修建了另一座宏伟的陵墓。这次大出殡的礼仪的确一点也不轻松。其间比较奇特的是，皇帝御道旁边会修另一条快捷方便的道路。这条路有时会穿过农田，农田的主人可以按照最高产量的收益获得赔偿。钱德明神父说:“这种方法使土地的主人获得双份好处——一是以好收成为标准得到的赔偿，二是真正的收成。送殡结束以后他们可以立刻收回地，犁地后就可以及时播种。”

5月31日，太后梓宫送至陵墓，“皇帝痛哭一场之后，陵墓的大门永远地关上了”。钱德明神父说：“太后当年刚入雍正王府时只是秀女。据说，她擅长朗诵，这项才能使她获得了所有人的喜爱，也得到了王爷的喜爱，这是她晋升的第一步。她为雍正皇帝生下了一位皇子，而她的儿子乾隆最终继位成为皇帝。乾隆是中国最伟大的皇帝之一，始终温和恭谨地侍奉他的母亲，给了她各种尊贵的徽号。她在乾隆时期的42年人生时光，一直处于极度的幸福之中。”

“每个民族都有自己小小的不足，”钱德明神父补充道，“中国人的不足就是喜欢将事情做到极限，尤其是当生养他们的父母去世时，他们的痛苦溢于言表。尧舜时期更甚。丧礼的严格程度应与人们的体力相适应。孔子说，只需要三天不吃不喝，使人虚弱到需要拄拐杖而行就可以了。所以，他不同意在父母去世三天之后还克制一切饮食。”

作为一个80多岁的老人，乾隆非常鼓励且全力支持所有臣民尊敬老人。传教士们的手稿（《中国杂纂》第七卷）中提到了1785年他为60岁以上老人所举办的盛大宴会。读到这一段时，我们很难不动容。皇帝在全国范围内给德行高尚或者年老体衰的老人赏赐物品或者银两，以褒奖他们的高龄。最后，皇帝在紫禁城举行了一场盛大的宴会，邀请了3000名老人，可敬的钱德明神父也位列其中。

朝鲜官民

朝鲜是中国的一个藩属国，位于一个面积与意大利相当的半岛上。其国土范围大致位于北纬34度到43度，东经122度到129度之间。朝鲜位于中国东北部，与中国东北地区接壤，与日本诸岛隔着一条宽30千米的海峡。境内虽然多山，但是物产丰饶，山区多金矿和银矿，海岸地区盛产珍珠。

中国古代的一个王族——箕子，在朝鲜制定了礼仪制度。在箕子之前，当地一直被视作蛮荒之地。之后，朝鲜重新沦为蛮荒之地。被中国征服后，当地人学习了中国的很多风俗和制度。然而，准确地说，朝鲜并不是中国的一个省，其名称仍然是一个王国，只是朝鲜国王每年要向中国皇帝进贡。

朝鲜（Corée）这个名字是欧洲人发明的，在朝鲜民族语中很难找出它真正的名字。它的古名叫高丽，后来改称朝鲜。东北地区的满族人称呼他们为solho，还在名字中加入kouron，也就是王国的意思。

小德金先生说："朝鲜人的穿着类似古代的中国人，也就是所谓的宽袍大袖；腰带是环形的，上面分为一个个的小格子。他们的文官穿绿袍，胸口绣着一只白鸟的补子；帽子是黑色的，上面有同样颜色的帽翅。武官的袍子和帽子都是黑色的，帽子又扁又圆，顶上有一个白色的圆球。他们的靴子也和中国人的一样，其中一只上有一支孔雀翎。"

这段描述的最后一部分和传教士发过来的画中的中国人形象很一致。只是我们看到，小德金先生说的那种黑袍子其实是一件无袖大氅，里面是一件袖子很宽大的长袍。

如245页插图所示，朝鲜官员和老百姓一样，帽子下面都有一个发网，和西班牙人的发兜相似。他们的帽子通常由一根环箍固定。平民的服饰和欧洲某些地区的农民相差不大，包括一件及膝的马甲、一条短裤和一双横纹的长筒袜。他们的鞋是低帮的而非高帮的皮鞋。农村人在肩膀上搭着一种布袋。他们很喜欢抽烟，手中总是拿着一根烟斗。据说他们是从日本人那里学会种植烟草的。

朝鲜的语言和汉语差别很大，但是他们的文人借用了汉字的书写方式。朝鲜人和日本人可以毫无障碍地阅读用汉字写的书籍或信函，尽管他们可能从来没有听过汉语。如果说是中国人教会了朝鲜人书写，那么似乎是朝鲜人教会了中国人造纸术，或者至少可以说，中国的工人模仿朝鲜的纸张改进了中国的造纸技术。朝鲜国王每年都要派使臣前往北京两次，每次他们必定会带去大量的本国纸张。

以前，朝鲜可以将富余的纸拿去售卖，但如今中国已经可以制造出同等质量的纸张了。人们口口相传着一个关于这种造纸术的故事。以前人们相信高丽纸是用蚕丝制作的。康熙皇帝非常嫉妒，很想得到这一秘方。他说："我派遣了一位大臣去实地考察。他回来报告，朝鲜人先将不同树木的树皮剥下来，然后将树皮里最接近木头的那层细腻的皮[1]分离出来，将其浸煮，并掺进最细腻的棉绒。"

这样制作出来的纸像是用蚕丝做出来的。所用的树皮是一种桑树的皮。中国人用这种高丽纸来糊窗户，装饰顶棚，做一种薄而强韧的纸板[2]，还用这种纸包裹丝织品。将高丽纸浸泡在桐油中，待其完全干燥之后，就会变成一种不透水的纸。这种纸完全可以用来糊船底，也可以用来包裹货物。我们曾见过一些用高丽纸做的箱子掉到水中却完全没有受损。

这种纸还可以用来做雨伞，更奇怪的是还可以做雨衣。很难想象一张纸居然能做成雨衣，然而传教士们却证实了这一点。最后，这种纸还有一个功能。传教士中有一些画家，他们尝试用这种纸代替布来画油画，结果非常成功，画作的颜色不会脱落而且光彩鲜明。中国的颜料在这种纸张上很容易着色，一眼看上去就像是一个整体。

除了纸，朝鲜还生产极精细的麻布和棉布。朝鲜向中国出口一种很贵的药，叫高丽药，是一种金色的小丸药。用这种药泡的茶是治疗伤风的一种有效的偏方。

儒教和佛教在朝鲜王公大臣和文人墨客中也很盛行。基督教传入朝鲜也有些年头了，但是进展不大。雷孝思神父的来往信函证明，真教[3]在朝鲜已经宣讲了约30年了。朝鲜使臣有一个儿子叫李，1784年来到北京，经常和传教士们见面。刚开始他只是为了学习数学，但是很快他就领会了基督教的教义。他开始以皮埃尔的教名学习，并接受了洗礼。回到祖国之后，他开始在朝鲜宣道，很多人受他的影响皈依了基督。

刚开始的传教平凡无奇，也没有引起政府的怀疑。然而他们后来受到了政府的警告，并遭到了越来越多的迫害。朝鲜的基督教徒在1790年到1793年之间被到处驱逐，皮埃尔·李也被罢官流放。朝廷对其他人则更为严厉。尽管障碍重重，这一地区仍然有忠于真教的信徒。

朝鲜将全国分为八道，首都叫作京畿道[4]。朝鲜人像中国人一样建造了一座长城来抵御侵略。但这道长城不但没有保护朝鲜，反而被日本人和中国人多次征服。如今这道长城已经成为了废墟。

---

[1]即韧皮部。——译者注
[2]我不久前刚得到一小块这种纸板。这种纸板大概只有两条线那么薄，轻得如同三四张纸糊在一起。
[3]指基督教。——译者注
[4]此处似为作者误解。——译者注

肩搭布袋喜欢抽烟的朝鲜平民（左）与身着黑袍子的朝鲜官员（右）

朝鲜最重要的产品是人参。根据中医的说法，它的根具有神奇的功效。人参这个词的意思是“人的代表”，因为人参根部有时会长出一些分叉，形似人的四肢。除了形状，它并没有比其他植物根茎更独特的地方，与泻根、曼德拉草和匍匐风铃草尤为相似。满语称人参为 orhota，意思是“植物第一”，这表明这些地区的人参具有特殊的用途。

长城外的游牧民族

长城作为古代中国建立起来的一道屏障，是为了阻挡那些难以对付的邻国。太多的作品描写过长城，这里不再赘述。撰写《马戛尔尼访华记》的斯当东爵士给我们提供了一些细节。

这些城墙耗费了大量财力，却阻挡不了八旗军。关内的士兵疏于训练，军纪涣散，关外的士兵却能征善战，又有战利品激励。这让长城内的士兵怎么能抵抗得住呢？

乾隆皇帝令大臣于敏中建立一座碑来纪念清军入关。碑文随后被拓印下来。"好让外省的文人，"钱德明神父在一份手稿中说，"不用亲自到现场也能读到一份与原碑文一模一样的复制品。"

"我给国王陛下的藏书馆寄了一份拓本，"钱德明神父在同一份手稿中继续说（这份手稿正在我手中），"它并不会辱没陛下的藏书馆，因为这份拓本中提到了一个令人难以置信的事实，这件事情在十五年前或者两年前引起了一场文学争论，甚至波及到了法国。

"'一万八旗军大败二十万明军'，这确实是事实，毋庸置疑。于敏中说：'我是朝廷的大臣，也是汉族人，可能会有人因此怀疑我怀念明朝，但我也应得到更多的信任，因为我并不愿意贬低自己的民族。'"

满族人征服中原之前有一本书叫作《征满九十九策》，其中提出的各种策略都非常幼稚且行不通。比如第三十九条："应修复长城，使其不可有缺口。"这本手抄书在乾隆时期被发现。关于第三十九条，调查这本书的官员在报告中是这样说的："作者似乎忘记了满族人从来都不是从长城的缺口攻入中原的，而是占领了关口，守军投降之后才入的关。修复长城所有的缺口工程浩大，劳民伤财，实际却没什么用处。"

所以天意注定了中原地区会被满族人征服。中原地区曾在蒙古人的统治下喘息了很长时间。在一场内战之后，成吉思汗软弱的子孙被赶了出去。不过，后来满族人征服了汉人，而且其统治看上去相当稳固，以至于人们理所当然地认为他们永远不会被推翻。

大家不断重申满族人采纳了汉族人的风俗、制度和语言，人们相信这一谬误，是为了吹嘘汉族人的道学和法规制度的智慧。然而满族人给汉族人带来了他们的宗教——喇嘛教。就像征服者纪尧姆在占领英国之后仍然保留了一些判例的纪念碑，满族人也留存了汉族人的一些制度，但也颁布了一系列与前朝不同的规则制度。

至于习惯方面，我们看到汉族人和满族人在很多重要的方面都有很大的不同，特别是在对于女性的控制方面。

马戛尔尼、约翰·巴罗和梵普兰在中国游历时看到了汉族人和他们的征服者之间显而易见的不同的行为方式,即使在首都也是如此。伊登勒先生虽然没那么有名,但是他见多识广,非常有见地。我从伊登勒先生的来往信件中摘抄并翻译了一部分。

> 满族人身体很结实,都过着如士兵一样的生活。他们看上去很坦诚、很开放,就像他们的行为方式一样。他们的风俗有很多粗野的地方,不太讲究个人和家庭的卫生。但是他们没有汉族人身上常见的那种表里不一、欺软怕硬的性格。尽管满族人没有汉族人富有,但是他们的地位比汉族人高一等,因为他们是征服者。地位最低的满族人只会不情不愿地服从一名汉族官员。英国使团的车夫尽管地位和权力特殊,但是很难让满族人为他们提供食物。他们将原因归结于满族人的固执,车夫即使抽了好几顿鞭子也很难改变他的想法。

伊登勒先生还举了几个例子来说明两个民族互相反感。在汉语中,“鞑子”这个词几乎和“残暴”、“邪恶”是同义词。有一天,马戛尔尼伯爵的随从中有一个人喊牙疼,一个汉族官员问他:“您为什么不去找医生要点药止疼呢?”那个英国人回答:“我已经问了,但是他们没有别的办法,只能把牙齿拔掉了。”汉族官员回答:“哦!鞑子嘛!”

确实,政府的统治没有很好地消除民族之间的仇恨。据说,乾隆皇帝在各种场合都表现出对本民族的偏爱。汉族人喜爱学生,即使是满族学生,通过较简单的考试,拿到相应的等级后[1],也会被汉族人接受。对于满族人,乾隆实行严格的“爱之深,责之切”。他对待满族官员非常严厉,常常对他们施以杖刑。汉族官员却很少受到这种处罚。满族人以这种区别对待为傲,视汉族人低人一等,觉得汉族人软弱温顺,一听到责罚就会浑身发抖,然而他们却在这种惩处中保持了独立的性格。

尽管像我刚才说的,满族人有可能永远不会被驱逐,但是他们却害怕自己的统治被推翻。伊登勒先生认为,这种恐惧经常敲打着乾隆皇帝的神经,所以他在奉天府[2]附近一条河的河床底下埋藏了大量的银锭。地位很高的满族人完全效仿奥斯曼帝国对土耳其人的统治,君士坦丁堡的统治者们害怕有一天被赶回亚洲,嘱托继承人将他们安葬在博斯普鲁斯海峡的另一边——亚洲的海岸边。满族人也一样,他们将父母的遗体运回故乡,以防有一天他们或者他们的子孙被迫离开时,父母的遗体会暴

---

[1]尽管有这种宽容,或者说正是因为这种宽容,现代满族人在文学上没有什么显著的进步。韩国英神父说:“他们很少翻译书,基本上没有。”

[2]即沈阳。——译者注

东北地区外围长城脚下的游牧民族

露于敌人的无情羞辱之下。

上页插图中的这个人不是满族人，而是在东北地区外围长城脚下生活的游牧民族。他骑着一头骆驼，坐在两个驼峰之间的鞍子上，脚蹬在马镫上。他的衣服是羊皮做的骑装，帽子用羊毛镶边。这些人中的贵族会穿细布做的衣服，但上身总是羊皮做的骑装。

钱德明神父写过两篇文章，其中一篇《中国军事艺术论》（*Le Traité sur I'Art Militaire des Chinois*）在《中国杂纂》的第八卷中可以找到，而这篇论述的补充则收录在另一卷中。这两篇文章确切地指出了为什么满族人能轻而易举地征服比他们开化的民族。汉族人的军事技术非常不成熟。我不知道汉族的将领发了什么疯，还是听了什么迷信才会在打仗中将士兵组成鸟形、龟形，或者其他动物形状。中国的工匠们创造出了不同类型的火药，还有各种各样的火炮，但却没有好好利用。关于这一点，我仅列举《中国军事艺术论》补充部分的一段话来说明：

> 您将在这本书中看到行军安排和安营扎寨的方法，这一创造可以追溯到黄帝时期。这位远古的帝王给军队的不同部分起了名字，使其通俗易懂，但一些文化不高的现代人却认为这些故事是虚构的、荒诞的。
>
> 您还将看到制造火药的不同方法，相信中国人比欧洲早几百年发明了这种可怕的技术。您还将吃惊地发现，被我们小看的中国人居然想出了如此多的方法，充分发挥了硝石、硫黄和炭混合在一起的威力！我本可以给出64种不同的配方，做出64种不同功效的火药，其中大部分都是极其危险的，不能被一些国家使用。在这里我仅介绍几种主要的制作方法。这些火药的配方里有不等量的炭、硫黄、硝石，甚至还有砒霜。

我们可能很惊讶火药中竟然会加入砒霜。但是钱德明神父补充了更多关于砒霜和其他一些化学制剂的内容，尤其是将经 peopi 或者 pan-mas[1] 炮制的木炭加入火药，给火药增加了一些独特功能。它们爆炸会产生危险的烟。关于这一点钱德明神父没有更进一步的解释。但是我在神父早先寄给伯丁先生的一封信中看到，他请求伯丁先生删除其第一篇《中国军事艺术论》（见《中国杂纂》第五卷），因为其中谈到了一种催眠粉，他们害怕出版后因这一细节而受牵连。如果这个故事是真的的话，似乎中国人习惯往敌方阵营中投射这种带危险烟雾的炮弹，以迫使士兵为了避

[1] 这似乎是曼陀罗的两个变种，在中国非常常见。四十多年前巴黎臭名昭著的迷魂烟中就含有曼陀罗。

免吸入太多毒雾而四下逃窜。可惜的是，记载了这段神奇故事的手稿找不到了。我本可以出版这段，也本可以知道它的制作方法，但是如今却不能了。

尽管这种使欧洲人受益的方法来自中国，但是中国人在军事技术上却毫无进展。他们仍固守着火枪和火绳枪，尽管这些武器常常因为空气的变化而哑火。还有一点更不方便，就是这些武器容易在夜间暴露军队的行动。

以前，甚至在路易十四时期，一支准备夜袭的军队，容易因为火绳的微光而暴露。实际上，一些高明的将领有时候能利用这一点来实现佯攻。科尔特斯（Cortès）曾经在墨西哥被委拉斯凯兹（Vélasguez）和一队西班牙士兵攻击。科尔特斯的人数很少，最后却因为一件奇特的事情得救了。就在敌人准备进攻的那一晚，很多乡间的发光昆虫出现在委拉斯凯兹的士兵面前。这些昆虫发出的光就像火绳一样，他们因此误以为遇到了大量的军队而大乱。

在著名的阿拉斯战役中，蒂朗（Turenne）也给西班牙人制造了类似的幻觉。他们在敌营不愿进攻的方向按顺序拖着一条点燃的火绳。西班牙人以为这个方向有敌情，就聚集到这里准备迎敌，却忽略了别的方向。蒂朗和他的士兵趁虚而入，以无畏的勇气战胜了敌人。

据说，如今英国人也给他们的火炮配置了机械点火栓，而这一发明早已被欧洲各国运用在步枪上了。这一技术在英国舰载火炮上的应用也获得了极大的成功，导火线产生的烟雾再也不会遮住甲板间的光线了，操作的精准度得到了很大的提高。法国的舰艇也同样如此。

既然刚才提到了夜袭，我想再介绍一下关于中国军队的另一件事。在《中国杂纂》第七卷中，我们可以看到介绍瑟马（Se-Ma）军事技术的文章，他是康熙皇帝的一员大将。文章中描写了他在夜袭中避免惊扰敌人的一个独特习惯。“每个士兵都有一个塞口物，平时就挂在脖子上，用时放入口中，马的口中也要放嚼子防止嘶叫。”

这一段翻译来自钱德明神父。他在另一封未公开的信中修正了这一翻译：“如果我看翻译的时候看到了这两样东西（塞口物和嚼子），我就不会用这两个词（baillon、frein）来翻译了。第一个我会叫嘴套，第二个我会叫安静信号。”

根据这一段，似乎高领护胸甲的设计并不是为了粗暴地阻止士兵说话，而是为了提醒他们在什么时候应该保持安静。我从不认为我们的士兵需要用这种措施来提醒他们严格遵守纪律。我们已经多次看到他们所保持的这种可怕的安静震惊了俄国人，而俄国人只能无力地呐喊。

准噶尔人和厄鲁特蒙古人

下页图右是准噶尔人。他穿着一条红色长袍，腰间束着一条火焰颜色的腰带，上面挂着一包烟草。左肩膀上搭着一条布褡裢，里面可以放钱。头上戴着一顶宽底的帽子，帽子的上面稍小，镶边较少。帽子上饰以红色丝绒，内衬镶了火焰色的边。

图左人物是厄鲁特蒙古人，衣服的颜色更鲜亮。他穿的是一件深色的类似家居服的长袍，上面布满了黄花，或者说金花，花瓣上再覆以白色。他的帽子和另一个人的差不多，但是更尖一点。他的左侧用白带子挂着一柄马刀，右手可以很方便地取用。

征服准噶尔部是乾隆皇帝最辉煌的事件之一。我们在钱德明神父的《中国回忆录》第一卷中可以找到这一出征的详细情况，我会将其介绍给读者们。然而，我很希望能让大家对这场战争有一个整体概念，所以我摘取了杨先生一封未公开的信中的一段。这个年轻人受到了伯丁先生的热情照顾，最终回到了祖国。我们的读者肯定会对一个中国人用法语表达感兴趣。我们所看到的语法错误恰恰证明了这是杨先生的真实表达，他的信件没有被那些乐于助人的朋友修改过。

> 最近运到法国的那一批精美的字画描述的是当今皇帝打败准噶尔部和厄鲁特部的故事。这个故事和我听说的不同。[1] 但是我坚持选择相信皇帝的官方版本，他的说法应该最可靠。
>
> 就像我听说的，这些人内部有不同的群族和派别，这常常是一个国家败亡的原因。准噶尔部达瓦齐 [2] 不顾多数贵族的意愿，夺取了政权。准噶尔部内的48个部落心生不满，但是其力量又不足以推翻达瓦齐，于是向中国皇帝求助，回报是归顺中国。皇帝对他们加以善待，加官晋爵，然后派兵攻打达瓦齐。
>
> 打前锋的是一个满族人、一个汉族人和一个叫阿睦尔撒纳的准噶尔人。战役刚开始，达瓦齐军的指挥官就阵亡了。不知道通过什么方法，阿玛鲁那 [3] 又变成了达瓦齐的大将，反戈攻向满族人。他很了解这个国家，便将满族和汉族的军队都引进一个峡谷中，将他们饿死在里面。皇帝为了报复这个忘恩负义的人，派出了另一支人数更多的大军。在打了16场仗之后，准噶尔最终被迫

[1] 他想说的是，我听到过不同的说法。
[2] 即绰罗斯·达瓦齐，1752年年底成为准噶尔部大汗。——译者注
[3] 即阿睦尔撒纳。——译者注

厄鲁特蒙古人（左）与准噶尔人（右）

臣服。

我们不知道阿玛鲁那现在下落如何，皇帝也寻找了一段时间。至于达瓦齐，作为准噶尔部落这次灾难的始作俑者，被擒获并押送给了皇帝。他为自己进行了精彩的辩护。最后，皇帝不但没有对他处以应有的刑罚，反而加以厚待。皇帝将大量准噶尔人迁入北京，为他们建造了与他们故土相同的房子[1]。

他们脸较黑，鼻子和汉族人的一样短，但是眼睛更大。他们蓄须，头部四周的头发刮掉，仅留发顶，有点类似满族人。他们一般会穿一件蓝色的长袍，系一条红带子。他们的帽子像睡帽，有两个角，一个在前，一个在后[2]。我不知道他们在故乡是否也这样穿，但至少我在北京看到的是这样。

阿玛鲁那，或称阿睦尔撒纳，在杨先生描写的那个时代被忘记了。他逃到了西伯利亚，后来死于水痘。乾隆皇帝向俄国索要他的遗体，想用这位背叛者的尸骨以儆效尤。据说俄国人让中国的使者看了他的遗体，但是拒绝将他交给中国朝廷。他们说这是对死者遗体的侵犯和亵渎。

乾隆皇帝立了一座纪念碑来铭记这一光荣的事件。纪念碑是一种类似于凯旋门的建筑，上面铭刻着战争的起因和主要功绩。还有另外一座类似的纪念碑提醒人们另一件同样独特的事件，可能也是乾隆同样光辉的事件：1771 年，蒙古人中的一个分支——土尔扈特部整体迁入中国。这支蒙古人是厄鲁特蒙古人的一个分支，他们自愿放弃了自己的土地，寻求中国皇帝的保护。皇帝在伊犁河边给他们划了一块未开发的土地。

传教士们说："尽管他们遇到了多次战争，尽管他们穿越别人的领土时需要献出生活必需品，尽管其他的游牧蒙古人在他们的路途上不止一次地攻击打劫他们，尽管长途跋涉达八个月，将近 1 万里的路程让他们筋疲力尽，他们到达时仍然有 5 万户，共 30 万人。"

这个数字有所夸张。一份来自圣彼得堡内阁的公文显示，人数并没有这么多。人们以为这些土尔扈特人只是厄鲁特部的一些残部，他们先跑到俄国避难，然后又想回到他们的故国。同一份公文中是这样描述这个游牧部落走过的路程的："这支游牧部落和俄国没有任何联系，他们不耕种，只靠马肉生活……至于他们的行经路线，是从里海北边走，接着穿越卡拉库姆沙漠和莫因库姆沙漠，然后穿过厄鲁特人

---

[1] 即毛毡做的帐篷。

[2] 这一描述与我们版画中的人物不符，很可能杨描述的是另一个部落。此外，我们描绘的服装是战士的服装。

的汗国，走到西藏的边界。他们的这次迁徙用时超过一年，但是有 236 天都在俄国的边境线以外……等我们想阻止他们的行动时已经太迟了。几个兵团怎么能够阻挡如此大量的民众呢？我们又不能切断他们的食物供应，而且他们分散行进（路程将近 200 千米）。”[1]

我刚提到的这一公文，旨在阐明俄国对中国的温和政策。然而这一时期，中俄之间的战争已经在所难免了。从传教士们的信中可以看到，它给中国带来了巨大的不幸。最近征服的这些地方并不稳定。厄鲁特人并没有完全臣服，他们只是暂时被制服而已。可以相信，如果战争爆发，他们的领地会发生大规模的暴乱。从传教士们的通信中我们还可以看出，那段时间的北京非常不安定。国家的不幸影响了皇帝的身体健康。他的健康已经出现危机，以至于当皇帝殡天的谣言传到边疆时，人们似乎都信以为真。晁俊秀神父在 1778 年 11 月 5 日的一封信中描述得非常明白。

神父对伯丁先生说：“我本打算在闲暇的时候详细地写给您，但是一件意外的事情使我不得不在混乱中仓促地给您写这封信。人们现在都在悄悄地传，皇帝在祭祖[2]并向祖先报告胜利的时候死在了边疆。中国现在群龙无首，人心惶惶，等待着坏消息的来临。我们曾经和一位喜欢我们的皇子密切接触,但最终我们没有救他，现在我们非常沮丧，也没法插上话悼念他。俄国人又在边境蠢蠢欲动。前天，您办公室的一位大人来到这里，问钱德明神父是否准备好进行一场长途旅行。神父说他做好一切准备为国王陛下服务。大人告诉他，他刚从边境带来了一百多个俄国人，或许会派他去陪同全权代表进行斡旋。另一边，厄鲁特人威胁，如果朝廷不能更好地照顾他们的话，他们将返回原来的地方。”

当我们已经相信这是一条假消息时，急报已经发到了广东，正在寄回法国，两国之间升起的乌云将很快消散。

[1] 这些细节摘自伯丁先生 1784 年 1 月 1 日写给传教士们的信。
[2] 向祖先贡献祭品，并行大礼。

中国缩影·下

第六卷

中国服饰与艺术

长公主的仪仗（一）

首先，我想先阐述一下我对美丽的中国彩色画颜色经久不衰的一些思考。我们费了很大的力气将彩色画作放在带玻璃的画框中，在工作室中避尘避光保存，即使在印刷的时候也如此。这些版画由传教士们装在纸板盒中，或夹在装订的书卷中，或卷成卷，使它们寄回欧洲后保存完好、光泽如新。人们说这些画就像画家刚刚画好似的。

中国的上色法大部分用的是菘蓝,只是制作方法不同。中国画家将其视为机密，但是传教士们经过多次尝试后，终于破解了这一秘密。韩国英神父立刻将这一发现写信告知了他的联系人和赞助人伯丁先生。这封信并未出版，可能是考虑到神父介绍的这一方法有点儿奇怪。我将原文完整地摘抄如下，希望对一些感兴趣的人有所帮助。

> 我们猜测到了中国画家用水着色的方法的一些奥秘。但是首先我们要提一个要求，知晓这一秘诀的人得发一个严厉的誓言，不得将这一秘诀用在腼腆的人看了会脸红的画上，并且在同一条件下才能将这一秘诀透露给他人。
>
> 一、用来作画的纸应该没有用胶或者明矾处理过，就像我们的灰纸一样，并且越薄越好。
>
> 二、往纸上吹水雾，将其边缘粘在画框上。纸在干燥的过程中会绷紧，由于纸太薄会承受不住画笔或者手指的力量，所以作画的时候需要在后面垫上一张纸板。
>
> 三、画作完成之后，将最干净、最强劲的胶水倒进泉水中化开。舀出五分之一倒入另一份热水中，将明矾或者皓矾放进去化开。
>
> 四、拿一支大画笔或者刷子，用以上制好的这种液体在水彩画的背面厚厚地涂上一层。由于画没有粘起来，液体会轻而易举地穿透纸张，浸润前面的色彩，但不会使颜色晕开。如果一层不够，可以再涂一层，这种胶和明矾混合的液体要更热一些。
>
> 五、为了让纸张更厚实，更完美地固定色彩，人们会在水彩画的背面粘一层浸透了胶的纸,然后再粘一层,这样水分就不会破坏水彩画,也不会晕染颜色。

在画上贴金的技术同样精巧。皇帝的御用画师自己准备金箔，这种金箔被称为“贝壳金”，其制作过程如下：

将金箔搓皱后，加入水和白蜂蜜。捣成极细的粉末之后，用清澈的泉水或者雨水将蜂蜜淘净。重复数次直至水清澈。之后将金粉置于热灰之上烘干水分，保存在有盖的瓷器中。

用的时候，取适量金粉倒进温水中并放入胶化开。当人们想要写一些更亮的字或者画更亮的线条时，就可以用干的笔蘸金粉描画，然后在上面覆上一层更强力的胶水。胶水干了以后，再用小石头将金色磨亮。银粉的制作方法和金粉一样，使用方法和保存方法也一样。

关于中国艺术家的手法，我还想多介绍一点。传教士与伯丁先生的通信内容可以为我们的读者提供一些有趣的观点。钱德明神父在一封给伯丁先生的急信中如此写道：

我称之为古画的那些中国绘画，其创作过程需要一种难以想象的耐心。在欧洲艺术家和行家的眼里，这些作品却带着一种极度未开化的气息，使得这些作品毫无价值。我们甚至想象不出，这种超长的画卷除了卷起来放在箱子里还能有什么别的用处，就像那些对版画好奇却捏紧了钱包舍不得花钱的人一样。中国人画画精准，用笔灵活，着色浓烈。如果他们学会线条透视和浓淡透视，那他们很快就可以超越我们的院士们，而我们将要模仿他们了。

作为传教士们寄给他稀奇物什的交换，伯丁先生也经常给他们寄去一些同样的东西。但他寄的都是一些法国的东西，目的是为了试试这些东西会给中国人留下什么样的印象。同样的，为了在同一条件下比较中国画师和我国画师的绘画习惯和方法，他往中国寄去了一些漂亮的欧洲版画。此前吉尔斯·德玛窦[1]先生在这一时期发明了用雕刻模仿铅笔绘出柔软而富有颗粒感线条的方法。从伯丁先生的一封信中我们发现，在这一方面他的期待是多么离谱。

他说："皇帝对铅笔画兴趣索然，他们不会使用铅笔作画，如同之前他对我们用刷子作画的方法一样不感兴趣。我即将寄出的第一批画将符合他的品位。"

中国有一种借助火在丝绸上作画的奇特方法。将一根木棍从两端点燃，烧了一段时间之后熄灭火焰，用炽热的木炭在一张丝绸上描摹。这需要很长时间，因为过不了多久就需要吹掉木棍上的灰，否则，木棍就会熄灭。

---

[1] Gilles Démarteau，1722年出生于比利时列日，1776年逝世于巴黎，雕刻师。——译者注

传教士们说："这一发明应该归功于西藏地区的喇嘛。他们为了感谢皇帝赐予他们的绸缎，在其中一匹上画了一张佛像……由于这幅作品在北京朝廷受到了极高的评价，那些独住在深山中的喇嘛就以此作为消遣，并将作品寄给他们最好的朋友。其他中国人很快就成功地模仿了这一画法。"

下页这张描绘公主仪仗的精美原画，启发我说了这么多题外话。现在让我们把话题回到这幅画上。和阿哥的仪仗一样，这里的行列开头也是几个步行的官兵（区域1）和几个骑马的品级低一点的官员（区域2），他们可以随意用鞭子打人。作为公主的随从，他们是最忙碌的，要保护好封闭的轿子，严禁老百姓偷窥公主。在这张插图的中间部分我们可以看到，一个农民从牲口上下来乖乖地背转了过去，害怕受到一顿粗鲁的斥责。公主马车前面的六位骑马的官员（区域3）和阿哥仪仗中的一样，他们帽子上装饰着蓝翎或花翎，表明他们的不同身份。

1. 1. 2. 2. 2. 2. 3. 3. 3

长公主的仪仗（一）——公主随从

长公主的仪仗（二）

公主的轿辇前面是两个骑马的侍卫（区域 4）。邻村的一个农民正要将食物送进城里，看到轿辇后恭敬地转过身，背对轿辇（区域 5）。毫无疑问，在我们的风俗中，这种举动会被认为是一种非常失礼且应当受到严惩的行为。

在前文中，我们介绍过一幅画，公主坐在四面封闭的车厢中，只有三个狭小的天窗能透进一点阳光。在这一幅作品中，公主的仪仗更加壮观。准确地说，她乘坐的不是一辆车，而是抬辇，形状跟马车差不多，上面盖着黄色的帷幔，由四个人抬着（区域 6、区域 7）。这些轿夫都穿着银线提花织锦长袍，头上戴着一根直立的长羽毛。两边由公主府的两个太监扶着轿辇。他们身穿蓝色长袍，小心翼翼地扶着轿杆，生怕尊贵的公主受到一点点震动。

跟在轿子后面的是两个五品的官吏。他们手执鞭子,鞭子不是用来鞭策马匹的，而是用来驱赶冒失的群众的（区域 8）。

长公主的仪仗（二）——公主轿辇

长公主的仪仗（三）

从下页插图中可以看出，公主的备用马车（区域9）由两个太监守卫着，前面有官吏开道（区域10），如同公主真的在里面一样。另一个太监是公主府的男仆，牵着马走在旁边（区域11）。仪仗的最后是一个背包的太监，包里有公主在不同场合需要换的各种首饰和衣物(区域12)。他背包的方式和我们的战士背行军包一样。

这张插图的背景是中国的一片农田。图中有两个不同形状的小麦或者稻米的粮仓，展示了中国农民保存谷物的方式。路边有一口井，用摇柄可以将桶升上来打水。这些水是用来灌溉农田的。有大人物要经过的时候，也可以将这些水洒在路上。

有时公主后面会跟着一辆或几辆马车，里面坐着命妇或者服侍她的其他女性。前文已经介绍过中国女性的衣着和头饰，此处就不再重复介绍了。这里仅谈谈中国人过去普遍使用的一种特别的装饰，现在只有几个省份（主要是山西）还保留着这种装饰。

这是一种形似马蹄铁的装饰项链，两端弯曲，根据佩戴者等级和身份的不同，由铁、铜、银等材料制成。人们将其戴在孩子的脖子上，并且终生佩戴。我们常常在中国的画中看到这种项链。相信古高卢人也有一种类似的配饰。

中国人从没有见过皇帝的女儿，公主驾临时不得待在现场。他们对公主的敬意显得有些不同寻常。但是，中国女性很少有人愿意被人谈论。中国历史上确实提到了一些有名的女英雄，但那都是迫于时局艰难，女性不得不展现出与男性一样的勇气。人们还没有用冠冕堂皇的理由来要求女性禁足时，她们就已经生活在黑暗和阴影中了。钱德明神父在给伯丁先生的信中写道：

> 孔子的妻子和儿子在他整个游历期间都没有被提到，您一定很吃惊。历史上关于这种沉默的原因有两个：一是这里的习俗是不能讨论女性，无论褒贬；二是这里有一种远古的习惯，一旦一个女人有了儿子，她就被置于其子的保护之下，更甚于其丈夫。而男性的职责更多的是处理家庭之外的事务。

同样也是由于这一原因，即使偶尔出现皇位继承人年幼的情况，摄政的权力也不能归于太后。相反，皇帝长大到一定年龄后，太后将被置于皇帝的监护之下。

我们在第一卷中说过，皇子宾天之后，他的每一个妻妾都会被禁锢在御花园附近的宫殿里。[1] 这一大群宫殿聚在一起，足以展示中国君主居所的雄伟和壮丽。乾

[1] 实为寿康宫、慈宁花园等皇宫西北角的建筑群。——译者注

长公主的仪仗（三）——公主的备用轿辇

隆皇帝在其晚年依然热衷于为已有众多殿宇的皇宫增加新的建筑。关于这一方面，钱德明神父是这样写的：

> 皇宫正中心的那座宏伟的宫殿[1]是皇帝亲自下令建造的，其征用了难以数计的工人翻修。皇帝 85 岁时决定让出国家的权力，然后隐退居住在这座宫殿里，从此不再插手国家事务。[2]这座宫殿已经完工，且布置好了一部分。皇帝在里面添置了许多符合自己品位的东西，尤其是一些外国珍玩。他每天都要添加一些新东西。
>
> 皇帝真诚地想要尽最大可能照顾尽可能多的穷人，而不是懒人。所以他想在这座宫殿的外面树立一些碑，在上面镌刻他统治时期的光荣事迹。成千上万的劳力被派到采石场开采大理石。这些大理石都是 15 至 20 英尺见方，厚度适中。另外还有上千人负责搬运、切割、凿刻这些石料，并将它们放置在底座上。这些底座都是雕刻成乌龟形状的巨大石料。
>
> 除了这些，皇帝陛下还在太庙的院子里建造了其他纪念碑。太庙是祭祀历朝所有帝王的庙宇，所有帝王的神位按照年代顺序排列在台阶上，和我们的祭坛很相似。新年的时候，皇帝在接受完皇子和大臣们的行礼之后，会亲自前往太庙，在摆放神位的大殿里向他之前的所有帝王致敬。
>
> 我们很容易就能注意到，如果这些工程在巴黎施行，两三百个工人用机器在很短的时间内就能做好。但在这儿却得雇用上千人，而且进展极其缓慢。这就需要庞大数量的人，而且需要每个人都十分努力……那些平民只要有一点米饭和咸菜能供养一家人就心满意足了。

钱德明神父的这一论据对我来说不太有说服力。如果灵巧的机械能够节省大量的人力和财力，那么以同样的资金我们可以同时运作不同的事情，这正是我们在法国首都看到的。我们不会雇用上千人仅仅来建造一座桥或一座宫殿，这需要好几年，而且会消耗大量的国库资源。我们会将其分成不同的部分来做，这样可以创造大量的奇迹，而且不用增加预算。正因如此，我们用 59 天就看到了巴黎伊阿纳桥的桥拱。而在中国，59 个月都不一定能完成。那些工人在完成一项工作之后，立刻会投入另一项工作。贫困阶层面对这种快速转换一点儿也不会觉得吃力。

---

[1] 倦勤斋，实际位于北京故宫东北部。——译者注

[2] 他确实让出了权力，但是是在更晚一些的时候。

滑稽戏演员及其行李车

传教士们的通信内容极少涉及在中国的演出细节，严肃保守的性格使得他们无法观看我们的戏剧演出，甚至是那些有代表性的悲剧场景——即使里面所有不雅的画面都被去除，即使费德拉[1]那种有罪的激情场面被巧妙地遮掩，甚至连最严格的道德家也觉得无伤大雅——他们也不看。自然，他们也远离中国戏剧，因为中国的戏剧会将各种不雅的东西呈现在观众面前。

所以传教士们仅仅寄回了一幅展现皇家演员行李车的画，如下页插图所示。他们没有附加任何解释文本，也许这幅画是为了解释或者论证一份乾隆皇帝诏书的翻译，他们曾将这份翻译寄回法国。这份诏书下令禁止一些街头演员和歌手的放荡行为。我们可以在《中国杂纂》第八卷中读到这篇文章。皇帝在他的诏书中说："朕再次重申，从事唱曲或者唱戏的人会被坚决驱逐出北京，因为他们自身的坏榜样或他们在舞台上的放荡表演会败坏道德风俗。"经大臣提醒，他决定再容忍一次——演员们要注意他们的举止，在戏曲中严格注意礼仪和分寸。

我们找到了大量关于中国习俗和希腊、罗马习俗对比的报告。看了这些之后，我们意识到，戏剧艺术让雅典和罗马获得了极大的荣耀，人们甚至认为戏剧具有一种宗教的意义；但是在中国，戏剧仅仅被当成是一种消遣。

演员被大众认为是下贱的和不可接受的。这一职业的污点甚至会转移给他们的孩子，三代以内都洗脱不了这种屈辱。这是在上述诏令之前，乾隆皇帝的另一个规定所造成的影响。关于这一方面，演员这个职业尤为特别，其他被认为不怎么光彩的职业，比如狱卒或者刽子手，都不会是永远的耻辱。那些培养了他们的人，在挣了一笔钱之后就会抛弃他们，但是他们在社会上谋生仍然具有优势。

小德金先生曾经说过，一个演员靠自己的天赋发了家，然而却不敢享受他的财富，因为害怕被官员纠缠。他只得从事一门令自己感到厌恶的职业。如果演员被瞧不起的话，那么戏剧也不可能好到哪里去。

前朝一位文官说："戏剧就是一种精神上的昙花一现，只能看到游手好闲、无所事事。戏剧使得靠它谋生的人被轻视，劳累了圣人的眼睛，占据了闲人的心智，会使与之亲近的妇人和儿童道德堕落，其制造的烟雾和气味非常难闻。还有灯光让

[1] Phèdre，让 · 拉辛的一部悲剧作品中的女主人公。——译者注

人头晕眼花，常常引发可怕的火灾。”

中国人对待戏剧的态度的另一个结果就是，剧作家也不被重视。人们几乎只演一些用俗语写的古老剧目，几乎有四分之三的观众听不懂。现代演员被迫必须适应这种古老的风格。

因此，当我们欧洲的戏剧作家在文学史上占据一席之地的时候，当我们需要一个极大的图书馆才能收藏欧洲的这类作品的时候[1],中国的“墨尔波墨涅[2]”和“塔利亚[3]”还几乎一无所成。

然而，中国书籍的数量超乎所有人的想象，大多都是关于历史、宗教、道德和政治的。但历史方面很少有深入的内容，宗教的内容也极为肤浅，因为中国人对于这一方面有着令人难以置信的冷漠。科学的内容也不是面向所有人的。所有的，或者说几乎所有的书籍最后都会归结到道德方面。以前我们都没有认识到，中国的作者能将无数迥异的写作方向总结成一个重复不休的主题。

1780 年左右，乾隆皇帝设想了一个计划，他想要出版一部大全，包含中国所有的最好的书籍。人们计算了一下，如果要囊括全部的书籍，这部书集将包括六十万卷。[4] 最后他们将数量压缩到了六万多卷。除了那些有名的已经出版的著作，他们还在全国各地细心地寻找各种各样的手稿。拥有这些手稿的人可以借出他们的书，在抄写完之后手稿会原封不动地还给他们。

官员们搜集到一份手稿名叫《征满九十九策》[5]，共十卷，写于清朝入关之前。书中充满了对满族人的辱骂，所以这份手稿和其他下流的书一样被排除在书集之外。

对于以前的传教士们写的基督教书籍，中国人表现出了更多的容忍。他们重印了利玛窦神父编写的《天学实义》。据说，由于这本书内容纯粹，很多中国文人通过读这本书来塑造自己的风格。

南怀仁神父的《教要序论》也获得了同样的声誉。这本书当时仅仅是写给老百姓看的。钱德明神父说：“作者似乎想让所有人都能入门。康熙读过这本书，并打趣了这本书的风格。但是这本书的分析和条理足以使其有资格成为最优秀的书籍之

---

[1] 赫尔曼（Herhan）铅字印刷的作品集包括二十七卷最好的戏曲作品，所谓的二等也有四十卷。我们还没有计算一大批实际上已经不再演出的作品，但是文艺家们很喜欢研究。

[2] 缪斯九女神之一，司悲剧。——译者注

[3] 缪斯九女神之一，司喜剧。——译者注

[4] 中国的一卷书比我们的更薄，尺寸大概相当于我们的八开本。

[5] 中国人将百、千、万称为“99 加 1”，“999 加 1”，“9999 加 1”。这样的设计更精确并且具有一种限定的意思。后面这些数字如果没有单位，就应该被视为含有一种无尽的意思。由于缺乏对于这种句法学设计规则的理解，让·贝尔·德·安特莫尼（Jean Bell d'Antermony）都不知道怎么理解一条河里小艇的数量。

街头卖艺的滑稽戏演员及其行李车

一。这就是中国人的矛盾之处：他们将我们的宗教书籍列入他们最优秀的书集，可是却迫害基督教徒。”

在欧洲，我们根据一个文人的出版物数量、贡献和受欢迎程度来衡量他的成就。但是在中国却不一样。文人的称号是由以皇帝的名义下发的文书决定的，根据的是他们的考试成绩。中国文人数量巨大，我在钱德明神父的信中找到这样一段：“在这里，文学是获得荣耀的唯一途径，所有想要获得荣耀的人都会竭尽全力增进自己的学问。他们在学问上确切地获得一些认可之后才可能得到官位……政府还规定了每个城市能晋升到第一级学位的人数。这些人被称为‘秀才’，相当于我们的‘学士’。通过考试后，能被提名为学士的人可以达到2.4万多名。”

北京不会对未经演出的戏剧进行审查，书籍出版之前也不会受到审查。但是出版之后会受到严格的复审，那些表面上的、依我们看来是很小的错误，都会受到严格甚至恐怖的处罚，这从一个叫王思厚的文人的案子判决中可见一斑。他被指控了三大罪名。

审判官说：“我们注意到，一是，他竟敢非议《康熙字典》[1]。他编写了一本摘要，竟然在一些地方反驳了这本可敬的真实可靠的书；二是，在其简明词典的扉页中，我们惊恐地发现，他竟然胆大到使用孔子和皇帝的小名[2]，这种失礼、不尊的行为让我们愤怒不已；三是，在他的家谱和诗词中，他竟敢自称其祖先始于周朝，是黄帝的后裔……”

“被问及为何敢篡改《康熙字典》时，他说：‘这本词典有太多卷，不实用，我就做了一本更轻便的概要。’

“被问及为何在扉页中提起孔子和皇帝的小名的时候，他回答：‘我知道不应该提起皇帝的小名。我将这一部分放进书中是为了让年轻人读了以后知道这些小名，不会因为一不留神而犯错。此外，我已经认识到我的错误，已经重印了我的词典，精心地将其中不合适的地方删除了。’

“我们反驳他说孔子和皇帝的小名全国人都知道。他辩解，他很长时间都不知道，直到三十岁考功名时才在考场上看到。

“被问及他为什么敢写自己是黄帝的后裔时，他回答，因为他的虚荣心作祟，他很享受人们相信他是个人物。”

从全世界的道德准则来看，如果这三大罪状中真有什么应受斥责的地方，那应该是自己虚构了一个家谱。这种欺骗在任何情况下都应该被谴责，故意让别人上当

[1] 中国的一部百科全书。
[2] 在家庭里称呼的简单名字。

受骗，或者结党营私。但是王思厚的审判官却没怎么理会这一理由，反而强调了前两条罪状，宣称他对皇帝大不敬，并宣判如下：

“根据大清法律，这一罪行应判死刑，五马分尸。将其财产充公，子女亲眷满十六岁者，斩。其妻妾及未满十六岁的子女，流放或变卖为奴。”

皇帝并没有将这一判决减轻多少，他颁布了如下旨意：“朕格外开恩，免其分尸之刑，改斩立决[1]。朕亦格外开恩于其亲眷，其子改斩监候，其余照行。朕意如此。”

这位百科全书的作家王思厚的教训也常常发生在剧作家们的身上。中国历史上第一次提起戏剧，是赞扬商朝的一位帝王禁止了这种浅薄的娱乐形式。相较于戏剧演出，朝廷更喜欢木偶戏。

没有固定的剧院和演员，只有那种庙会上的演出，是中国人对戏剧毫无兴趣的最主要原因。朝廷的戏班子推着推车四处转移的不仅是他们装成箱的行头和配饰，还有他们的演出场地。演员要表演各种各样的动物形象，甚至是死物。他们不仅要表演熊、狮子、老虎，甚至母鹿和鸟类，有时候还要扮演树木、山石，或是组成城墙的一块石头。戏剧中的士兵使用的是木质的金色尖长矛和纸板做的盾牌。盾牌上面描绘有一幅虎头的画像，就像真正的盾牌一样。

前面插图中描绘的小车是从北京到海淀送演员行李的，那儿有一座皇家戏院。这条路就像巴黎到圣克劳德或者凡尔赛的路一样，路上有很多由一匹马拉着的15人或者18人的小车。这条路极为平坦，铺着大块的石板，所以非常好走。如果车已经坐满了，车夫可以在他后面再带一个乘客。乘客双腿交叉，坐在车辕的垫子上。最后，车的后面还能坐一个双腿悬着的人。

根据伊登勒先生的记述，中国最好的剧团似乎来自南京。他说：

到达广东的时候，我们被来自南京的一个剧团的高级杂耍表演震惊了。看完他们演的一出戏剧，我们更震惊了，这出戏剧不仅富有自然的咏叹调，还充满了表现力，所有的演唱节奏完美，乐器伴奏得恰到好处。

作为一个专业的音乐家，除此之外，伊登勒先生再没有称赞过中国的其他音乐。传教士们，尤其是钱德明神父，只会称赞那些在几何计算上有确切依据的音乐。简

---

[1] 我在之前的一卷中说过，砍头比绞刑更可耻。传教士们往巴黎寄回了一幅刽子手的图画，我并不想将它展示给我们的读者。画中人物极其丑恶，不仅仅是因为画家赋予他的表情，还因为他穿着的奇怪的服饰。刽子手穿着一件红色的衣服，帽子是深色的，样子很像以前巴黎的警帽。他手里拿的砍刀越往上越宽，上部被生生截断，模仿出了一种斧头的感觉。

而言之，中国人在音乐演奏上似乎只会寻求噪声。

中国音乐与欧洲音乐的对比是如此强烈，以至于传教士们都相信，想要阐释这一现象，只能假设中国人在器官上有着完全不同的形态。关于这一点，我可以和读者分享伯丁先生的一个观点，他认为这类观点是极其错误的。他说：

> 中国人和欧洲人听同一段音乐所产生的感觉如此不同。我不愿相信是如你们所想的那样，这是由于听觉器官的差异引起的。在我看来，这种结果更可能是出于习惯。我们每天都能看到，一个缺乏训练的人在听交响乐的时候只能听到噪声和混乱，尽管所有行家都会对这首曲子报以热烈的掌声。

中国的毕达哥拉斯[1]规范了音乐的调式。他取一节黍的秸秆，截去两端的结，用手指堵住一端，往另一端吹气，将这样发出的声音作为基础音。这个管子的直径最开始没有固定。他们本应该按照中国的十分法规定使用手指的数量及管子的长度，然而他们并没有这样做。另外一个名人叫蔡元定，他提出了十八律的理论。

其中颇为奇特的地方是，蔡元定为了从长度测量单位中得出容量单位，采用了一种类似我们的学者用米或者更小刻度组成容积或重量单位的方法。他将 6 盎司红铜和 1 盎司的锡融在一起，然后浇注进一个十分法音足那么高的中空模子里。这根管子内圆周的长度为 9 分，里面放入整整 1200 粒黍，再吹入空气，使其发声，就是基准音。黍的重量也分为 12 份，每一份为一铢。

中国人对这个音律有一种特殊的崇敬，他们可以从中找到各种事情的缘由。这是其中一面铭文的翻译：“正如‘和’为万物本源，黄钟亦为所有测量方式的根源。按黄钟调整，我们就能避免一切谬误。八音、七律、五声、计算、测量、几何、度量衡在音足中实现了统一。”

最后，我想说一说前面插图中在马左边负责运送演员行李的那个人。这是一个在街头卖艺的滑稽演员，人们经常请他到家中表演。他手中拿着一根手杖，上面站着一只会讲话的鹦鹉，而他自己也会滔滔不绝地讲各种各样的故事和笑话。

滑稽演员的服饰通常是蓝色的，胸口有一块刺绣图案，象征一种鸟类的嗉囊，袖子上有很多金属纽扣。我们的小丑异常宽大的衣服和奇形怪状的纽扣也非常滑稽，这与中国滑稽演员的服饰有无法解释的相似之处。

---

[1] 即伶伦。相传其为黄帝时代的乐官，乐律的创始者。——译者注

奇怪的神祇：海神和财神

我们在马戛尔尼的地图集中看到一份关于中国海神的介绍。海神手中拿着一块磁石而不是三叉戟，形象也和下页插图中（区域1）的形象差别很大。下页插图中海神的服饰更为滑稽。他的长袍是用金线提花织成的，象征着鱼鳞；腰带上挂着一种襟带，形状似一条海鱼的尾巴。

海神有一把长长的胡须，稠密且杂乱；头上一束头发直立着；左手上拿着一种海生植物的叶子，右手拿着一把带齿的双刃剑，其锯齿象征海浪；鞋子是红色的。

显而易见，第二位神祇是财神，他手里拿着的装满钱的黄袋子就是证据（区域2）。这两位神祇站在一个架子上由四个光头的苦役抬着。架子前面的人扛着一块很长的牌子，上面写着神祇的名字及其象征。每个抬夫手里都拿着一根类似拐杖的东西，好在休息的时候拄着。

遗憾的是，传教士们没有带回来更多关于中国神仙体系的细节。从信中我们只能看到传教士们谈及这一话题时表现出的极度厌恶。作为上帝的仆人，他们对于上帝虔诚的、有时可怕的过度迷恋使他们闭目塞听。然而，他们从魔鬼的身上获取详细信息时，好像又没那么忠于自己。

传教士们对伯丁先生辩解，总体来说中国人甚少关心宗教，然而宗教在中国又支配着许多地方，以至于他们不可能获取到确切的信息。尽管中国人对宗教信仰表现出一种明显的不在意，但他们之中仍然出现了一些宗教狂热分子，不止一次地使帝国陷入可怕的动乱。他们手执武器鼓吹教义，成功鼓动一大批人与皇权斗争。这里我只举一个例子。这件事发生在不久前，钱德明神父在他的信中报告了这件事：

> 三十年前，圆顿教（Pa-tchou）在陕西省造成了极大的混乱。这个教派的首领叫王伏林（Ouang-Fou-Ling）。他聚集了一大批像他一样的狂热分子，与皇家斗争。最终在一场战役中被击溃。下面这一段节选自总督发给朝廷的信函。
>
> 战场上叛军秩序井然。王伏林身边有两个狂热的妇女，她们披头散发，一手执剑，一手执旗。她们向恶灵祈祷，并许下恶毒的诅咒。
>
> 我们向叛军发射了几轮火炮，叛军亦战红了眼。最终，我们短兵相接，用砍刀战胜了叛军。战役持续了近五个小时，我方杀敌一千五百余名，余者尽皆被俘。战后检查战场发现，叛军首领已被斩于地上。他穿着一件黑色长袍，胸前挂着一面镜子。那两个女人亦被杀。我将这些罪人的头砍了下来，放在笼子里示众。

1. 手拿锯齿双刃剑的海神

2. 手拿黄色钱袋子的财神

中国如今被一个人多势众的教派扰乱，他们自称天地会。这一教派在名称上似乎很接近不久前在法国出现的有神博爱教，两者在教义及体制上更像。天地会的成员之间通过一种秘密的组织方式保持联系。帝国的一些大臣，甚至亲王、贝勒都是其成员。我们在克鲁森施滕[1]先生的游记中看到了有关叙述：

他们不久前在皇宫中策划了一个巨大阴谋。最终砍了几个阴谋者的脑袋才使事件平息下来。

遥远省份，尤其是广东附近的天地会成员就幸运多了。如果没有英国人提供的帮助，他们可能会到达澳门，而且差点儿被澳门人抓住。马戛尔尼和约翰·巴罗的游记中不止一次地赞颂万大人（Van-Ta-Gin）。万大人的舰队成功包围了叛军时，他坚持由自己或者一位同僚来歼灭叛军。但据说，这位同僚也是天地会的一个秘密成员，因此他提出了一个更有利的条件，请求万大人放过叛军，并保证他们会自行到朝廷的舰队上投降。万大人起初并不同意这一约定。然后，叛军利用这一机会逃跑了，继续在沿海地区抢掠。为了平息众议，他们将这一事件的过错归咎于万大人。万大人失去了皇帝的宠信，最终忧愤而死。

[1] Johann Adam von Krusenstern（1770—1846），俄国皇家海军上将。1803—1806年，曾奉沙皇之命进行环球航行。——译者注

运煤的马车

我想先介绍下面插图中的这辆独特的挂车。正如我们所看到的，这辆车上有一圈席子，外面均匀排列着挡板。车轮里安的不是辐条，而是钉在一起的三块简易的木板。车辕套在一匹马上，承重的不仅有一个脖套，还有架在马鞍上的一条带子。赶车人前面还套着三头骡子（有时候是三头驴），它们也戴着脖套帮助拉车。固定带子的小马鞍或小垫子并没有放在骡子的背中部，而是放在其臀部。

运到北京的煤块个头都很大，煤块从矿井里挖出来时就是如此。这种燃料分为三种不同的类型。其中一种特别粗劣，只有靠风箱强烈地鼓风才能点燃，所以只有铁匠铺才会用这种煤。这种煤烧起来的火更猛烈，可惜很容易爆裂，易溅到工人的眼睛，也可能引起火灾。为了防止这些意外，人们会在将其填进火里之前，先把它放在风箱上面悬着的一个小锅里烘干。

厨房用煤有两种，一种叫硬煤，另一种叫软煤。顾名思义，前一种更硬一些，后一种更软一些。给房间地面加热的锅炉室在屋外的一个地坑里，负责续火的仆人需要每天下去两次。锅炉的形状就像被削去一节的圆锥，热气通过建在砖墙下面的一条通道传递到屋子里。

中国人用木炭来引燃煤。木炭的烟非常呛人，点木炭的时候要打开所有的门窗。煤不会产生很刺激的烟，也几乎不产生什么味道。烧完一半的煤块会从栅栏中漏出来，他们不会将其丢弃，而是把灰烬和不可燃的石质分开，再将其重新放进炉灶里。英国人也这么做，但他们使用的是一种带孔的锹。我不知道中国人是否也使用类似的工具，但是他们拨火的时候会用一种小钳子，或者两根铁棍，或者如手指那么粗的铁钎[1]。

离北京 30 千米的地方有一个煤炭的开采场。北京烧的煤都不是一般的煤，中国人给它起了一个特别的名字，叫石炭。在地层深处寻找矿物的技术，已成为人类必不可少的活动了，这些矿物无论在贵族生活还是日常生活中都是必需的。这项技术在中国是进步最小的技艺之一。中国的矿工只能触及地质表层，而我们将这种职业称为园艺工。达到一定深度后，矿工会被恶臭的瘴气或者渗漏的地下水所阻。他们修补这两种缺陷的方法极其不完善。在这一重要问题上，伯丁先生是如此解释的：

孔先生回答了我关于中国煤矿及开采煤炭的问题，我非常满意他的回答。

---

[1] 这种工具很像英国人称为拨火棍的东西。

我发现，物理科学在我们欧洲比在这个帝国进步很多，中国矿工易遭到的意外，很多我们都能避免。他们的鼓风设备无论多灵巧，都赶不上我们借助火来换气的方法。他们用蓄水池和小木桶来排水，消耗大量的人力，技术上远不及我们的排水机器，尤其是火力排水泵方便。然而，或许正是因为中国人丁兴旺，他们才积极致力于使用人力，就像我们人口稀薄，才致力于解放双手一样。

然而，如果说我们在物理发现方面有优势的话，中国人在开采矿藏时对土地主人补偿的法律方面则更完善一些。

伯丁先生也曾写道，我们的采矿立法曾经极其不完善。1791 年的一部法律改善了这种混乱情况。但是应该说，因 1811 年颁布的皇家法令中各条款严谨且睿智，才让这一领域没有留下什么遗憾。

在中国，对土地主人的补偿不是以现金的方式，而是通过和获得矿藏开采权的人合股组建一种类似公司的形式来分享收益。通常的做法是每 4 个月抽 20 天给土地的所有者。也就是说，发现矿藏和获得开采权的人先开采 100 天，接下来的 20 天属于土地所有人。当承包人收回成本之后，以后的收益两人均分。承包人先开采 50 天，然后土地所有人再开采 50 天。

我还想介绍一下中国的引火物。他们不像我们用一种牛肝菌来引火，而是用一种白色的草。当这种草没那么湿的时候，中国人将其铺在石头上，在太阳下晒干。他们还会在上面撒一点硝石粉，然后用两根很短的棍子拍打，并来回翻动。中国人的火柴是用大麻的杆做成的，跟我们一样对其进行浸硫处理。中国农村的穷人烧不起木头和煤炭，他们烧的是黍的秸秆。

驱赶挂车往北京运送煤炭的马夫

狗贩子

中国人对于吃狗肉没有任何顾忌。

吃狗肉的人如此之多，以至有专门的商贩做这样的生意。这或许值得自然科学家注意，他们应该研究一下中国的狗是不是与我们熟知的品种有巨大的差别，也许和大溪地狗是同一个品种。这个南太平洋的小岛上的居民很喜欢将这种四足动物做成美食，而且他们确实只用蔬菜喂养狗。詹姆斯・库克船长[1]在第一次航行登上大溪地岛时，看到所有岛民吃的都是同一种菜。他起初感到恶心，后来他和他的船员最终都习惯了这一种景象。岛民告诉他们，大溪地的狗肉比猪肉要好吃，他们自己也想证明这件事。欧巴莉娅女皇曾送给他们一条非常肥的狗，他们将其转赠给了岛上的一个领主。这位领主就像《荷马史诗》中的英雄一样，自己又当屠夫又当厨子。

图派伊亚[2]会用力掐住狗的脖子，捂住狗的口鼻让其窒息而死，这种残忍的屠宰方法大概会持续一刻钟。这样出来的肉看上去可能没有用刀杀死的好。之后，印第安人会在地上挖一个深一英尺左右的洞，在里面依次摆上一层扁平的石头和一层木头，然后点燃。图派伊亚把狗肉放在火上烤一会儿，再用一个贝壳刮去狗毛，割开皮肉掏出内脏。当火足够热时，他们将狗肉铺在洞里的一层绿叶上，在上面再盖一层绿叶和热石头，最后用土将这些都盖起来。4 个小时后，狗肉就烤好了。英国人终于相信这是一道极其美味的佳肴了。

---

[1] Captain James Cook（1728—1779），英国皇家海军军官、航海家、探险家和制图师。——译者注

[2] Tupia 或 Tupaia，大溪地当地土著，因其航海技巧和地理知识，随詹姆斯・库克船长的“奋力号”到达新西兰及澳大利亚，担任向导和翻译。这里指代当地人。——译者注

狗贩子

卖煤砖的小贩和运黑石灰的挑夫

前文我们介绍过中国人的燃料煤炭，这里不再重复了。下页这幅插图是30多年前传教士们寄回国的。从图中我们可以知道,中国人已经将煤炭制成块状出售了，而这种做法在巴黎是近几年才有。

中国的煤砖是由煤炭和黏土混合而成的，很好烧，如果之间留一些空隙，可以燃烧得更旺，也不会散发难闻的味道。加入黏土只是为了让本来松散的煤炭变得足够坚硬。人们将煤砖码成金字塔形，就像架烧火的木头一样。如果将煤砖和煤炭一起摆放，就必须用一个栅栏。

插图右侧是一个男人挑着一种叫黑石灰的东西。这个名字并不太准确，这是一种中国泥瓦匠用来混合制作水泥的物质。这种物质是在煤矿中发现的，中国人称它为石灰，其实叫矾油或者硫酸这样通俗的名字更合适些。

制作水泥时，中国人将400磅普通石灰和50磅黑灰混在一起，掺水搅拌，同时加入40磅拆散切碎的旧绳子。这种混合物不仅可以用来砌砖，还可以用来给墙抹灰泥。

中国丰富的煤炭资源似乎印证了这个区域曾经拥有广袤的森林——如果真的如我们的地质学家所想的那样，这种燃料是由大自然精心设计的，就好比木炭是由烧炭人精心制作出来的一样。我们普遍相信有煤矿的地方,地下就埋藏着古老的森林，这些古老的森林几乎没有留下任何踪迹。

德旁先生是《关于埃及人与中国人研究》(*Les Recherches les Egypiense les Chinois*)的作者。他提出,中国的森林资源十分丰富。如果我们相信他的这一观点，就会对中国匮乏的燃料感到奇怪。关于这一点，我在钱德明神父未出版的信件中找到了一个相当奇特的反驳观点。大概内容摘抄如下。

> 没有人相信这本书的作者。他说每年实际进入皇帝金库的银两仅仅不到1500万英镑(约36000万法郎)，而他确定中国的人口据不完全统计有8600万。为了证明这些，计算时他增加了对中国老虎的考虑，给它们分配了大量的森林或沙漠栖息地。人们因为害怕这种可怕的动物而停止耕种，甚至完全放弃在那些土地上耕种。
>
> 中国确实有老虎，但是它们都栖息在山上或者岩洞里，根本不可能出现在农田中。至于森林，除了有几个省份发现过老虎的踪迹，整个帝国其他地方都没有见过。中国人用来建造房屋的木材都需要从别处运过来。

卖煤砖的小贩（左）与运黑石灰的挑夫（右）

钱德明神父继而阐明，仅凭几个概况来判断一个民族是困难的。他做了一个巧妙的对比：

> 假如中国的一个长指甲的文人写了一部描写法国和法国人的著作，并且要推翻前人关于我们伟大王国和国民的观点，而他的依据仅仅是他从去广东的法国商人或水手中听说的，还有他见到的法国水手的所作所为，甚至仅仅是一些英国商人、普鲁士商人、丹麦商人的道听途说，你们会怎么想呢？
>
> 这个文人可以信誓旦旦地说，法国就是个大沙漠，因为他看了1755年12月5日一份荷兰报纸所报道的巴黎新闻，其中说“里昂的皇家猎狼队中尉莫瓦桑先生狩猎了56匹狼，而去年这一数字为80匹”。一个人口众多的国家怎么可能有这么多狼呢！
>
> 因为听说亨利四世时期，巴黎有几个可怜的母亲吃了自己的孩子，他难道就可以总结说法国人都吃人？因为听说法国人都尊重女性，从不强迫她们做任何事，他难道就可以说法国人都是娘娘腔？因为女人和男人同时在乡下出现，他难道就可以说法国女人连最基本的规矩都不遵守？因为他在广东的街道上看到过几个醉酒的法国水手，他难道就可以说法国人都是酒鬼？因为法国遵循的是罗马法律体系，他难道就可以说法国人都没有创立自己的法典？如此等等。

售卖儿童吃食和玩具的商贩

如果中国的孝道值得称赞，那么中国父亲对于子女的疼爱同样值得赞颂。中国有众多的商人以贩卖美味的儿童食品谋生，从中我们可以看出家庭中温柔的父爱。传教士们似乎对能寄回来20多幅中国糕点和甜点商贩的图片非常高兴。这些图片尺寸内容各异。我选了最值得注意的一幅。图中有一种空竹，商贩们用它来招徕顾客。

这种能发出声音的空竹由两个圆筒构成。圆筒是中空的，由金属、木头或者竹子做成，中间用一个横杠连接起来。两个圆筒在相反的方向挖了一个孔。用绳子在横杠上打一个活结，将空竹吊起来，绳子带动圆筒可以快速地做一些动作，这样就可以带起一阵快速的气流，发出如德国陀螺一般的啸音。这种中国乐器发出的声音如此之响，可以把远处的孩子及其监护人给吸引过来。

这幅图在很久以前就被重刻了，在原版里我们可以看到很多人。几个月之前，我们的儿童玩具商展示了一种和空竹差不多的玩具，很快畅销起来，他们称之为diable。创造这一儿童玩具的灵感来自这幅由传教士们寄回来的图片，并非不可能。

中国慢慢吸收了欧洲人带来的科学和艺术，同样地，我们也踊跃地学习他们那些讨喜的发明。我在这本著作里证明了煤砖就是借鉴自中国。此外，他们还教会了我们制作一种方便实用的泵，我们也学到了制作瓷器的工艺，在这一领域，中国人长久以来都无人能与之匹敌。如果古人费尽周折从东方引进的罐子不是真正的瓷器的话，很难想象，如此丰富优雅的制瓷工艺一直都没有传播到中国以外的地方。

有时候甜品商会把甜品做成男人、女人，或者动物的形状，他们还卖一种类似于我们的萨瓦饼的饼干。玩具商贩一点儿不比甜品商贩少。在之前的一幅版画中我们看到过一家卖风筝的店铺。相较于其他主题，关于这一主题我可以发表一些更严肃的意见。此外，这些空竹和欧洲的一种儿童玩具有很多相似之处。不同民族的品位和性格差异很大，然而世界各地的儿童玩具都基本相似。中国的孩子走在路上，手里拿着一根软的金属丝，上面挂着一只竹蜻蜓。他们拿着飞来飞去的竹蜻蜓嬉笑玩闹，那些蜻蜓就像真的一样。

值得注意的是，中国人用来娱乐的喇叭。他们的喇叭是用一种叫作琉璃的物质做成的，这种物质介于玻璃和瓷器之间，具有弹性。一位传教士说，琉璃是一种具有珐琅特性的普通玻璃。薄的琉璃可以弯曲而不碎裂。琉璃制成的艺术品通常都非常薄。有一件球状物，一端被压扁，另一端是一根小管子。扁的部分似乎比其他部分更薄一些，但不完全是平的。小心地往球里吹气，可以使扁平的部分鼓出来一点，屏住呼吸，这部分又会缩回去。多练习几次，就可以让这一部分来回伸缩而不会碎裂。它还可以发出一种清脆的响声，使孩子们开心。

列奥缪尔[1]及其他学者曾试图解开中国瓷器的奥秘。他们将玻璃和石灰粉放在一起烧制，得到了一种和中国琉璃类似的珐琅。但他们很快放弃了这一工艺，因为法国的采石场中发现了一种和中国琉璃类似的物质。我们将一种光亮的釉也称为琉璃，可以用来给庙宇和宫殿的瓦片上釉。这一点我会在另一篇文章中详述。

这幅版画中的右侧人物在卖一种奇异的果实，法国人没见过这种果实，博物学家的著作里也没有描绘过。它的大小和栗子差不多，可以煮着吃。中国人把它串成串，一串串地卖。这种果实和栗子、枣等食物一起用糖腌渍后食用。中国人还会糖渍一种发酵的豆饼。

[1] René Antoine Ferchault de Réaumur（1683—1757），法国物理学家。——译者注

抖空竹招徕顾客的糕点商贩（左）与卖山里红的商贩（右）

卖茴芹谷物的商贩及其独轮车

中国人吃谷物的方法和我们一样，也将其磨成粉或者面，并将其做成各种各样的面包、蛋糕或者甜食。有时候，他们也会在谷物外面抹上甜的东西，比如茴芹，然后在街上叫卖。

下页插图中的商贩的独轮车形状非常特别。它仅有一个轮子，车轴连着一个斜的支架。支架上连着一个方形的案板，售卖的货物就摆在上面。一条车腿上绑着一截竹管，或者其他材料做的管子，天然的竹节就是管子的底。商贩可以在里面放钱或者其他工具。这种移动货架上面挂着一个由绳子穿着小木板或者金属板做成的好看的招牌。

这幅版画的主题让我很自然地想要补充一下之前说过的关于中国农业的内容。我不想重复中国人那些养活如此众多人口的巧妙方法，在此仅摘录伯丁先生的信件中的如下片段：

> 您许诺的关于中国农业的回忆录，对我们来说是一份独特的礼物。因为欧洲人约定俗成，只能浅耕，我们没有看到中国人一年可以收获两到三次的耕种方法，一英亩[1]的土地他们就能养活一大家子[2]。根据所有的报告显示，在同样大小的土地上，中国人口是欧洲任何一个国家人口的五倍以上。考虑到这一点，中国的耕种方法也是理所应当的。中国的肥料与我们的完全不同，我们的化肥本来会烧坏土地，我们将这两种肥料混合使用，获得了极大的成功。在中国中部的一些省份，稻米种植是重中之重。我们无需嫉妒，因为一是，法国人多吃面包，稻米对于我们来说只是一种附属品；二是，每次我们试图在法国南部省份种植稻米时，不管我们从皮埃蒙特请来多好的水稻种植专家，最后都没有获得很大的成功。

当气候反常造成粮食欠收时，巨大的人口就成为了沉重的负担。如果政府没有大量能支配的粮食，灾难就会更严重。在这个帝国，很大一部分的税收是以自然作物的形式征收的。

---

[1] 1 英亩≈6.07 亩。——译者注

[2] 这里说的不仅是中国南方的一些省份，他们种植我们无法生产的茶叶和其他作物，甚至在一些中部省份也是一样，那里的气候跟法国、德国差不多。

商贩推着独轮车沿街叫卖茴芹谷物

还有，灾难发生时，尽管政府采取了很多措施，但老百姓仍然苦难深重，遍地都是乞丐。由于没有地方收留他们，很多老弱病残会因为缺乏救助收容而悲惨地死去。关于这一点，我摘录了已故的伯丁先生的信件中一些相当奇怪的信息。他给孔和杨写了这样一段话：

> 你们将中国的城市和里昂做了对比，这非常有意义。中国的街道宽阔而繁华，然而却没有任何里昂的那些广场和公共建筑。您说您想起了里昂壮丽的医院。关于这一点，我很高兴您提到了中国救济穷人和病患采取措施的一些具体细节，特别是政府以外的人士出于人道主义为穷苦病患谋得的药物和慰藉。
>
> 在基督教传播福音以前，欧洲人确实不知道医院。希腊人和罗马人在他们那个年代曾是世界的主宰，他们都不曾建立一个场所来收容救济穷苦病患。在最早的基督教堂中，我们才建立了这样的慈善机构。希腊和罗马的统治者如何给穷人提供救助呢？历史学家并没有给出详细的答案。然而，我并不怀疑，在中国这样一个秩序井然的帝国，人们能有效地为穷苦病患提供救济，且能防止滥用布施。我很想知道中国所有的救济是如何组织的，穷人们是如何意识到自己的需求的，人们是如何纳税的，以及如果政府不负责，个体是如何提供救助的。最后还有，对这些受苦难的群体，钱和食物是以何种形式发放的。

钱德明神父曾亲历乾隆皇帝在一次饥荒时慷慨地救济老百姓的事件。米价和穷人的收入相称。在不同的城市，大米虽不免费，价格却非常合理。皇帝在诏书中说：

> 朕出钱收购商贩的谷物，并按平常年份的市价卖于百姓，所得收入纳入国库。朕本意免费赠米，但却无法做到。

这一措施以令人不可思议的智慧实施了下去。钱德明神父补充道："米商位于城市的各个地方，他们的店铺前立了很多柱子，围成一个 20 英尺见方的地方，里面堆满了要分发给老百姓的米袋。一个督察主持这件事情，身边跟着几个执鞭或者拿着棍棒的士兵以防止骚乱。这种集市每天都有，从日出一直开放到晌午。要买米的人只能买一天所需的分量。如果有家眷，就得告诉督察他家有几口人，督察就会允许他购买一家的口粮。所有这些都有条不紊地进行着。有时老百姓会做一些小动作，会去两三次多买一些粮食，然后将富余的卖掉，挣点小钱。只要不是太过分，督察都会睁一只眼闭一只眼。据他们说，这些米往往是那些急需的人买走的。如果有人被捉住了，也只会挨一顿训斥，最多也就是吃上几鞭子。"

中国房屋的建造

中国的普通房屋基本都是同一个房型，四四方方的，建在比地面高出几个台阶的地基上。较大的侧面是开放的，会建带有石基却没有柱头的木头柱子；较小的侧面是独立的，用墙封闭起来。第一行柱子的后面建有辅柱，这些柱子支撑着红砖砌成的承重墙。房屋的中部是用于居住的独立空间，人们用席子或者纸糊的门窗将其封闭起来。每个面上的廊柱都跟希腊建筑中的极为相似。那么，我们可以就此认为这两个民族关于建筑的知识来自相同的源头吗？不。无疑，相同的需求使人们设计出了相同的建筑。但是品位高雅的希腊人懂得怎样以匀称、优美为原则来完成作品。相比之下，中国的廊柱只能算是围绕在一起的木桩了。

在京城，与其他建筑相比，人们更容易在皇室的建筑中找到希腊建筑那种高贵、简约的影子。这里有很多拱门和院落，沿着这些院子，大量的廊柱将人们引向内宅。进一步说，中国建筑师此时已经创造出了类似于科林斯式或者离子旋涡式的装饰。古代希腊人使用大理石或者其他很具持久性的石头来建筑房屋，而中国人只使用木头和砖。为什么他们会为了这些使用年限非常有限的建筑而花费大量的钱财呢？

中国和希腊这两个国家的老百姓居住的房屋风格几乎完全一致，这就证明是经济条件导致建筑朴实无华。中国村落的景象与庞贝古城和赫尔库拉涅乌姆的古代村庄很相似，建筑物的样式及用于装饰房屋的大量廊柱也基本一样，唯一的区别在于屋顶的设计。

地基和墙基本是用砖砌成的。这些砖在阳光下晒过，所以是灰色的。有时候地基底部会铺一些形状不规则的石头，有些像意大利常见的那些由石头砌成的墙。保罗·拉贝尔[1]博士将意大利石墙的最初出现归功于佩拉斯吉人——希腊人的鼻祖。佩拉斯吉人存在的时期要比伊特鲁里亚人早很多年，那个时候就能造出这样的建筑真的很让人震惊。更加令人吃惊的是，同样的建筑竟然也出现在了中国。

房屋内部有一块类似于谷场的夯实的地面，有时候它就是一块类似大理石的白色石头磨成的平板。楼梯的台阶和廊柱的底部用的都是这种石头。人们盖屋顶时有很多不同的方法，最常使用的材料是圆形瓦片。

后页这幅插图里，中国人的脚手架跟我们的差不多，但是他们用又细又长的竹子代替了我们使用的撑杆。他们用绳子将这些竹子绑起来，有时候为了能够架得更

[1] Louis-François Petit-Radel（1739—1818），法国建筑师、设计师。——译者注

高，人们会将竹子系成一大捆。为了在不使用梯子的前提下轻松地在这些材料上攀爬，人们围绕房屋用竹子建成带栏杆的缓坡。当然，他们也不会使用起重机之类的机器。建设旺多姆广场奥斯特利茨圆柱时使用了巨大的脚手架。见过这个脚手架的人们可以据此想象中国的脚手架是什么样子。两者的区别在于，中国的脚手架没有使用那么多木头，可以使用的时间也没有那么长，当然也没有我们的结实。

后文中有一张插图展示了两个底座的塔楼在建设过程中所使用的一个架子。这座建筑有好几层，每层之间用挑檐隔开。每个楼层都有一个铺满深红色菱形石头的底座，其他部分由石砖建造。

中国房屋里的一半空间都是院落和小径。广东商人的房子大多建在水边，户型非常狭长。在一层中间有一条很长的小径穿过，从街道一直延伸到河边。内宅包含两部分：一个是用来待客的客厅，另一个是小卧室，有时候还有衣帽间或者书房。

内宅前面有一个带鱼塘或蓄水池的院子，池子中间是人造假山。人们会在这里种上竹子、莲花和其他水生植物。鱼池里的金鱼游来游去，有些根本不怕人，甚至会争抢人们手里的食物。

院子边上点缀着花卉、灌木、葡萄藤或者竹子，这些植物使小院生机盎然。人们经常在院内台座的中央放一个大瓷缸，在里面养莲花。在这些院子里总是能看见野鸡、矮脚母鸡及其他稀奇的鸟类。中国的富人很喜欢饲养珍稀动物。

正如我们前文所言，墓地通常建在空气清新的山丘上和树林中，墓碑都极其朴素。在夏商时期和周朝初期，人们仅仅将已故之人埋进一个坑中，甚至都不覆盖他们最后停留的地方的土壤。

之后，中国人对灵魂不死有了更加清晰的认识，对祖坟越来越看重。大家族会非常悉心地保养这块土地，一代代人在此下葬。族长占据一块与众不同的地方。他的儿子、孙子和其他后代及他们的妻子一起按照辈分分配墓地。没有孩子的和犯过大罪的等有辱门楣之人都不允许葬在这里。

只要家族没有消亡，他们的祖坟就会一直存在。一旦灭族，新的土地占有者总是急于将死者的遗迹摧毁。在中国，拥有大量子孙而一直延续下来的家族特别少。所以，北京的周边地区相当阴森恐怖，坟墓散落在道路两旁，看上去跟活人的居所一样多。

在介绍阿哥仪仗的插图中我们已经看到了一座中国墓地。在中国，墓地的种类有很多。有一些就像用砖头砌成的箱子，长 6 尺，高约三四尺，宽约四五尺。墓碑下面是带有台阶的底座。另外一些是圆环形的，有一个圆顶。我看到过一幅画，画的是人们能够想到的最特别的墓碑。它就像插花的花瓶,中间是向下凹进去的圆形。它也有一个底座，墓碑中间是圆的，就像个水瓶，最上方是锥形的瓶颈。瓶颈下方

正在建造的普通房屋

有两个球，这两个球无疑象征着果实。

墓碑很少涂清漆，这种装饰方法只用于棺材。我们在前文中描述过，清漆采自漆树。将其水分蒸干后，人们将它和干性油、砒霜调和在一起。这种混合物被吸收在一片棉布里，人们还要用力将它挤出来。手臂的力量已经不够用了，这个过程是用机器完成的。将滤袋放在压力机中，通过手柄发力来挤干它。

在将这种清漆涂在棺材或者其他箱子上之前，人们用纱布或纸团细心地堵住棺材或者其他箱子的缝隙。用一块多孔的石头磨平棺材表面后，人们在棺材表面连续涂两层漆。等到清漆干后，再用一块准备好的砖将其打磨光滑。

粉刷房子时，人们也会用木屑把空隙都堵上，第一遍用粗石打磨，然后刷三遍漆，再用砖打磨。黄色是用洋槐花蕾调制而成的。

我不知道中国人是否擅长给木头、瓦片、石头或金属上色，也不知道他们是否会用普通石灰使布料变得防水。我们知道这里的人会用油纸做雨伞，但是传教士的信中没有提到人们是否也会将布料、丝绸等用于同样用途。即使这些方法并不为中国人所知晓，必需的材料也是不缺的。因为中国人拥有两种非常珍贵的树胶：第一种没有弹性，叫作蜜蜡；第二种有些像美洲的橡胶，叫作龙油珀。

晁俊秀神父说："这是一种合成物，一点都不贵，与橡胶类似。它是中国南部地区一种很常见的树上滴下的树油。普通话读'桐'，有些装腔作势的人将其读成'龙'，就像我们说的'蛇'，因为这种树的树枝特别像爬行类动物。'油'就是指油。在龙油珀这种合成物中，含有一些蜂蜡和其他成分。这里的工人们不会说出他们的秘密。我询问过他们很多次，但他们每次都是想到什么说什么。"

值得期待的是，人们可以利用本地作物来仿造卡宴[1]的橡胶，如今这种树胶的交易开始变得少了。希望我刚刚提到的这些内容会对我们的制造业有些用处。

[1] 位于南美洲，隶属于法国。——译者注

中国房屋布局图

就像我们在后页插图中看到的，中国房屋的户型极其简单。这确实是一名要员的府邸，整个建筑仅有一个独立的大厅用来接待他的同僚、朋友和客人。在京城，几代同堂的百姓的家庭居所与此不同。

家族中每个小家都必须有自己的卧室。但家里有一个公共的房间，那就是祠堂。每当有大事发生时族人都会聚集在这里。但是跟接待顾客的商铺相比，留给人们居住、做饭的空间是如此之小，所以中国城市基本上看起来都像是永远开放的庙会。我们可以借助业余爱好者们收藏柜中的巨幅卷轴图来了解这一现象。

我手中有几幅描绘宅邸内部的版画。从画中可以看出，这些宅邸内部的卧室与卧室之间由一个椭圆形的开放空间彼此相连，中间没有门，也不会关闭。所以说，在中国是没有纪念性建筑物的。人们不会为了让子孙后代牢记一件历史大事或者某位伟大君主的丰功伟绩而建造庞大的楼宇。

纪念性建筑物通常只是刻着简单碑文的石头，其中有代表性的是大禹治水的故事。对于用中国古代文字书写的碑文，当代学者很容易明白，不用大费周章进行翻译，也不必附以用通俗语言表达的译文。

人们在北京印刷出版大禹碑文已经近三十年了。钱德明神父将碑文和法语译文一起带回了欧洲，并请求伯丁先生只向学者们展示原文。如果他们绞尽脑汁仍无法得知其意，那时再公布译文。

伯丁先生非常愿意这样做。《原始世界》（*Le Monde primitif*）的作者谢伯冷[1]就是这个“骗局”的受害人之一。我看过他的三封书信，字里行间能够感受到他对中国遗迹的狂热和对从未听说过的大禹碑文的震惊。他说：“我在杜赫德的《中华帝国全志》和您的充满智慧的《中国杂纂》中寻找与大禹碑文相关的一切。但不知道是不是我阅读得太匆忙了，最终我没有看到任何提到这件事情的章节。”

更让人吃惊的是，为了证明中国远古文字与埃及象形字的相似之处，谢伯冷徒然地写了整整四页纸的推测。正如《项狄传》的作者所说，做这些对比的《原始世界》的作者，就像赛马之于项狄，都具有令人无法自控的嗜好。

这位现代作家曾仿写过中国古文字。谢伯冷不能破解它们，反而沉醉于数笔画、研究它们的对称性、钻研重复的文字，最终找到了他们与塔罗牌之间的联系。谁能

[1] Antoine Court de Gébelin（1725—1784），法国神秘学家。——译者注

相信会有这种事情？

谢伯冷在他的论文中提道："大家都知道这个游戏叫作塔罗牌，自三年前一些德国朋友向我展示了这种牌，我就无法移开自己的视线。当时我们还没有立刻认识到这种以著名的数字'七'为基本结构的埃及游戏起源于古埃及的哲学和神学。"

对自己的发现，谢伯冷感到十分骄傲。他进一步吹嘘古文化比我们想象的更加智慧，更为璀璨。按照他的说法，埃及人翻新过的塔罗牌使整个埃及的民政有所改善，并且提供了一种完美的图谱，可以讲述人类由生到死的生命历程。

"所以，将大禹碑文与塔罗牌联系到一起并不是贬低碑文的价值。相反，这代表我对它十分重视……"

伯丁先生很高兴总能收到这类激烈的论证，但他任谢伯冷长时间地陷于这种错误观点之中。在谢伯冷即将出版自己的著作之前，伯丁先生向其讲述了真相。我眼前的两封信就是此事的证据。

在第一封信中，钱德明神父向伯丁先生写道：

我请求您在谢伯冷完成自己的论述之前不要将我的解释告诉他。如果最终他推导出了正确的结果，那我将成为他理论体系的最狂热的拥护者，到时也请您同意我成为他的门徒。"

伯丁先生回信道：

关于可怜的谢伯冷和他的塔罗牌，当他向我展示他的结论时，我将告诉他真正的译文内容。

后面的这封信写于1785年12月21日，在谢伯冷去世后不久。但是我不认为被这样捉弄完全是一场悲剧。

另一件出土于西安的古迹，再次掀起了欧洲学者对中国文字的推理热潮。人们猜想这些碑文与犹太教在中国的建立有关，并且怀疑在中国存在一个很大的犹太教派。钱德明神父对此事予以回复：

您的伟大猜想需要有关于犹太教在中国建教的证据。我认为，我们现在对此事的所有认知，都来自骆保禄[1]神父的那些有教益的书信。

---

[1] Giampaolo Gozani（1659—1732），意大利人，耶稣会传教士。——译者注

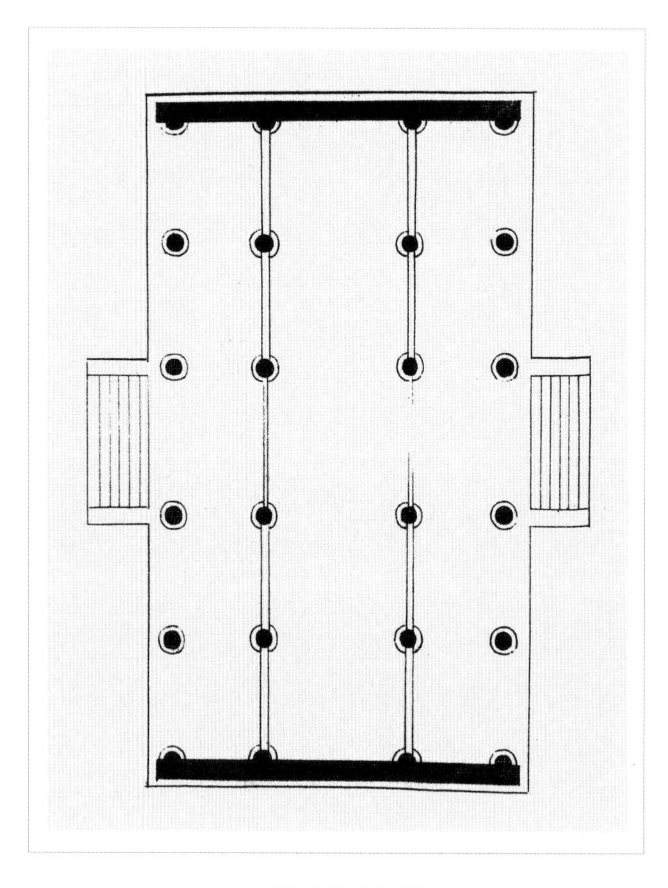

户型简单的官员府邸

其他记载表明，在西安古城里有犹太教的遗迹，长埋于地下的大理石被重新修整，但上面没有任何文字。因此我认为，并没有充分的理由将这些碑文与教义联系在一起。在宋、明和清朝，帝国所有的省区都试图找到刻有文字的大理石。人们在西安发现了很多这样的大理石，并为它们专门设立了存放场所，只要是有兴趣的学者都可以入内。但是没有一块石头能够追溯到周朝。出土的大理石数量以汉朝最多，最古老的是秦朝的。这些是我研究大禹碑时在毛会建[1]的文章里读到的。

[1] 毛会建，生卒年不详，清代人，字子霞，江苏武进人。能文章，尤工擘窠书。——译者注

中国宝塔的建造

前文曾说过中国“塔”这一建筑的用途和形式，也说过欧洲人错误地将其称为“pagode”（宝塔）。我说过，建塔的时候，他们会在四周搭建竹质脚手架，用来往上运送建筑材料。中国建筑师没有我们这样的完美搭建脚手架的技艺，我们也不懂得欣赏他们建筑的威严或者这些临时脚手架的优美与独特。中国人没有精巧的器械可以节省人力，无法将超乎想象的重量抬升到很高的高度。构成卢浮宫廊柱三角楣的那两块大石头，中国人是不可能将其升起来的。

中国花园里的亭子可能没有这种单纯的品位、高贵的风格，让其足以成为与古代风格迥异的建筑。我们学习了英国的品位，或许还可以模仿中国花园的自然随性。我们发现，比起多用直线的希腊式建筑，亚洲风格的亭台楼阁更适合这里。所以英国人在公园、花园里建造了一大批中国式的亭子，甚至还在里面添置了仿造的铃铛和雕梁画栋，正是这些代表了中国亭子的不同级别。已故的伯丁先生极为喜爱来自中国的所有东西，他甚至想更进一步推进这种模仿，尽求原汁原味。

他听巴黎一位业务爱好者（他在信中就是如此表达的）说，中国亭子的铃铛不是随意做的，当其被风吹动时，能奏出不同的音符，形成一种交响乐。因此，他要求钱德明神父弄到一套完整的铃铛。如果所说的这种效果是真的，那将是声乐马赛[1]的奇迹。他的联系人在信中是这么告诉他的：

> 即使我们随意制作这些铃铛，不固定它们的音调，在巴黎，我们也能做出和北京一样的铃铛。这些铃铛从第一排到最后一排会渐次变小[2]，它们的形状也会随之变化。有的是钟形，有的内边是锯齿状，有的是扁平状，还有的是三角形。每一排的铃铛都很赏心悦目。用七分铜、三分锡的材料打造这些铃铛，可使其声音清脆、柔和而且动听。

不用说，这些亭台楼阁只能在达官贵人家中见到。对普通老百姓来说，这是一种难以企及的奢侈。

然而，在北京或者南京这样的大城市中，房屋看上去都差不多，很难从房型中

---

[1] 见哈密尔顿一则迷人的故事《带刺的花》。

[2] 这种尺寸渐变的目的在于给中国的亭子打造一种视觉上的高耸感觉。我们有理由相信最高层的铃铛和第一层的铃铛尺寸是一样的，只是因为视距变远，看上去才小一些。

建造宝塔时搭建的竹质脚手架

看出房主的身份。原因很简单，在中国，一个人发财后就可以跃入上层阶级，却不会远离他的老家，他们要保持一致的生活方式。几乎只有从服饰上才能将不同等级的达官贵人与普通老百姓区分开来。

我们还是要看一看《中国杂纂》中关于中国人和中国建筑的文章[1]。韩国英神父给他的崇拜者和保护人伯丁先生写信，希望伯丁先生不要责备他的想象过于丰富。钱德明神父是这样解释的：

> 我们向大人您说起了很多漂亮东西，比如中国建筑、泥瓦工、木工的工具，以及这座保存了4000多年的杰出的古老建筑。不同等级的人可以住进不同形式和面积的建筑中，如今在北京似乎已经见不到这种建筑了。我参观了宫殿和私宅，见过各种状况的住所，我承认将它们混为一谈了，根本看不出那种绝妙的秩序：商贾不能居于廊柱之屋，文人可以住两根柱子的房子，贝勒住四根柱子的房子，以此类推……尽管如此，这些记载在古老仪式中的规则，在京外省份还能观察到一些。那里有大量的满族人和蒙古人，他们在居住的地方一定会摆放一些屏障以阻隔普通人。

这些传教士年轻时就去了中国，几乎一辈子都住在北京，对于这些显而易见的事情怎么会意见不一呢？如果这种矛盾是关于欧洲某一个国家的，可能就无法解释了。在欧洲，外国人有时候比本地人更具有观察上的优势，我们周围就有很多例子。在没有任何推荐的情况下，“外国人”这个名头可以见到大人物，可以看到一些稀奇的物件或者进入巴黎人很难进入的展览。在中国和整个亚洲，外国人的待遇恰恰相反，他们只会被怀疑和嫉妒。这是钱德明神父说的，他用其常人的观察力就看了出来。

> 一个欧洲人为了增长见识或为满足自己的好奇心而游历欧洲各国，他能享受到难得的行动上的优势，比如图书馆、公共建筑、剧院、学者们的工作室都会为他开放。他甚至可以主动拜访别人的家庭，享受社交的愉悦，还可以自由

[1] 韩国英神父先主动给伯丁先生写了一封匿名信，这封信要追溯到1774年9月20日。他在信中如此说：“我一知道您进入了内阁，就将您的好意和善行告诉了我的同行们。由于我早已远离法兰西的荣光和您慈父般的教诲，我拿起笔，将名字改了又改。大人，我以自己微小的能力为您谋得您可能想要的关于中国和从中国来的东西。”这封信署名是“宁静的悲伤”。很久以后，韩国英神父才被确认为这封信的作者。

> 地用自己的母语或者当地的语言，或者至少用一门通用语（比如拉丁语）来交谈。出了欧洲，这一切都不可能了。旅行的人不再会用一种共同语言，无法让别人听懂他，他也听不懂别人说的话。如果他想获得必要的帮助，只能非常辛苦地雇一名翻译，而这样的翻译常常只会骗他的钱。他不能去任何地方，只能有一些利益或者生意上的往来，对他们来说只有这样才是有用的，也只有这样，他才有望得到一些好处。一个人在这样的环境下哪能获得什么知识呢？正因如此，在这些旅行者的报告中，书商才敢于结识那些他们不认识的人。

比起普通人，派往中国的大使也几乎没有什么特权。马戛尔尼和范巴澜与国内的来往信函证明了这一点。钱德明神父早在 1787 年就预见到了，当时都还没建立俄国使馆：

> 这里的人对大使及随从们的表现和我们在欧洲不一样。在欧洲，我们给他们完全的自由，他们想去哪儿就去哪儿，只要他们觉得合适，可以做任何事，可以去别处参观或者观看演出，他们至少可以发表一些概括性的观点。
>
> 但在这里，我说的不是整个国家，而是北京人的一些特殊的风俗习惯。我们可以总结出这样一个假设，那些随英国使团或者俄国使团来访的学者们什么都做不了，他们的目的也实现不了，因为在整个行程中，他们都会被监视，不可能单独行动而不受怀疑。所以，派学者和艺术家到中国来参观工厂或作坊，或者到乡下观测自然风光，是绝对不可能实现的。

钱德明神父似乎预见到了英国使团在报告中所说的阻碍。他的预言成真了，因为马戛尔尼伯爵在北京居留期间，一个值得称道的采石场因为学术和道德的关系而停产了。